図で考える人の
図解表現の技術

图形思考与表达的20堂课

用圆圈、箭头、关键词即可实现的高效沟通与问题解决

[日] 久恒启一 著　梁世英 译

前　言
"图解教室"开场白

▌相信图解的力量

我三十几岁任职于日本航空（JAL）时，第一次体验到图解的力量。那时我负责处理一件棘手的工作——劳动关系协调。在和工会协商之前，光是在取得公司内部的共识方面，就已经是要命的工作了。

但是，在一次会议上，当我使用图解进行说明后，提案竟然很快就被通过了。我把到当时为止的所有事情经过和未来该做的事情，用图解的方式全部汇总在一张B4纸上。大家看了以后都相当惊讶，一句话都说不出来。听说后来他们在私底下纷纷讨论："过去我们制作的资料，到底算什么？"

那时，我暗自惊讶，心想："难道说，好好利用图解，就能让工作进行得更顺利？"甚至在心中浮现这样的想法："虽然那些精英对待文章非常挑剔，但也许他们不善于图解。"事实上，在进行协商的过程中，那些原本老是挑三拣四的人，也几乎没提出异议。这是我在职场中，第一次因图解获得了成功。

如果无法把劳动关系协调的提案、重点与过程讲清楚，根本无法在会议上通过。所以，我用一张B4规格的白纸，将劳资关系双方的提案、要求与主张全都画进图里。绘制那张图非常耗时，甚至常常拿回家熬夜工作。不过，也曾发生画图解画到天亮时，解决问题的修正案突然就浮现于脑中的情形。也就是说，为了思考如何绘制那张图，甚至连解决方案都一起涌现了。

实际上台做汇报时，用图解进行说明也相对容易让大家理解与认同。

即使有人提出比较刁钻的问题，因为所有的思考与答案已经在我脑中仔细整理过一遍，对大部分问题也能顺利回答。

通过这次的经验，我发现图解不仅能激发我们构思问题的解决方案，也能在说服别人时发挥很大作用。

当上宣传部课长后，我建议属下也学着善用图解，尽量以图解的形式提交资料，结果部门内的沟通变得活跃，属下的各种优点也逐一浮现。因为在他们提交给我的图解资料中，常常会有连我都没能想到的切入点，或是图解的某一部分做得非常好，给我许多新的启发。

在看文字类资料时，我们很容易无意识地采取否定的态度，觉得"这里很奇怪""这里改一下比较好"。但是，在以图为基础进行讨论时，沟通态度常会自然而然地变得积极，觉得"这里很不错""那个也很好"。

也就是说，将图解运用在管理层面也能发挥很大作用。基于这些经验，我开始对图解的力量抱持肯定的信念。

在那之后，我出版了介绍图解方法的书，这让我的身份得以转变为大学教授，直到现在。

▎自我训练图形思考与表达的实用书

我的上一本著作《图形思考：依靠图形解决问题》在商务书中一时成为话题，甚至还跻身日本畅销书之列。在那本书中，我试着尽可能减少图的数量，透过文字充分传达"以图思考"的乐趣。也许正因为这样，才提升了读者的思考水平，并最终获得众多读者的支持。

在那之后，以商业类杂志为主的媒体们多次将"思考法"这个主题做成特别企划，不约而同地介绍我那本书。看来，图解思考逐渐获得了大家的认同。而我也因为写作、采访、授课或演讲的邀请纷纷涌入，仿佛被卷入一阵洪流中，过着忙碌的生活。

对一直以来主张"图解沟通能改变世界"的我来说，看到支持者不断增加，自然是非常高兴的一件事。

另一方面，也有许多读者提出意见，认为"图解太少""提倡图解的书却没什么图，真是不可思议""已经了解了概念，但希望能教我们如何画图解"。

为了满足这些读者，这次我执笔了这本以"练习以图思考"为主题的书，其中大量采用了我在大学课堂和在线图解教室里讲授的例子，试着针对图解思考的美妙与图解表达的乐趣等图解教室的有趣之处，为大家做一个"实况报道"。

如果说上一部作品《图形思考：依靠图形解决问题》是图解的理论篇，那么本书则是图解的实践篇。

本书的第 1 章基础篇，将为大家说明基本的图解技术，这是图解的基础课程。

在第 2 章实践篇，我将以参加图解教室的学生们的图解为案例，解说图解变化与进化的过程。希望大家能从这一章了解到图解的内涵，明白图解可以作为辅助思考的工具，对思考的帮助很大。这一章的用意就是让大家了解图解思考的深度。

在第 3 章应用篇，我将以图解教室的学生针对同一主题画出的不同图解为例，对每张图的特点及可改善之处进行说明。希望大家明白，即使在同样的主题下，也有许多种图解方式。换句话说，想让大家在第 3 章了解图解表达的广度。

用图解掀起工作革命！

我的第一本著作是 1990 年出版的《コミュニケーションのための図解の技術》（暂译为《图解沟通的技术》，日本实业出版社出版）。自从 20 世纪 90 年代初期泡沫经济崩溃，日本的经济萧条长达十年以上。无论是过去的成功模式还是之前的案例，一切都变得毫无参考价值，让人无所适从。不过，我从十几年前就开始提倡图解思考，因此认同我的人也在逐渐变多。

现今，我们常听到许多人说必须改变世界。但要如何改变？这才是个难题。以我自己来说，我以图解为武器，一路自我改造，深深感到它不仅改变了我的工作、人生，也改变了我身处的职场、公司、教育现场与地域。我因此自称是一位"图解工作者"，意思是我能运用图解让工作进行得更顺利。

带着这一意识观察别人，我渐渐发现企业经营者或领导者等高层中，也有图解工作者存在。比方说，通用电气公司（General Electric）的前任首席执行官杰克·韦尔奇（Jack Welch），安全公司西科姆（SECOM）的最高顾问饭田亮等人，都是善用图解规划事业的代表人物。也有一位前政府首长表示，"图解思考实在是行政首长不可或缺的能力"，由此可以看出，认为图解很重要的同好正在日渐增多。

此外，我曾多次为行政人员、商务人士、一般市民或教育界人士进行演讲或担任研习会讲师，在这一过程中，认同"图解工作者"的人也日益增多。

社会是问题的宝库，而所谓的工作，就是解决问题。掌握问题的本质，并想办法解决它，这就是工作。我们面对的现实世界和实际状况经常既模糊又复杂，从中抽出重要的信息，将其绘成图解的作业便是掌握问题；把绘制完成的图做部分修改，就是改善；重新绘制出一张全新的图，就是创造。依我的意见，工作这件事就等于绘制图解。所以，让我们用图解进行一场工作革命吧！

职场的工作景象随着时代不断变化。过去，所有人坐在桌子前，表情严肃地在纸上写文章。现在，由于计算机的出现，变成人人面对计算机屏幕写出文章的时代。未来，大家对着纸或笔记本，笑嘻嘻地绘制图解的时代也许会来临。如果那一天真的来了，那么连制作资料的方式、讨论方式、决策方式、在职场或家庭沟通的方式都可能彻底改变。

我希望继续努力下去，让这样的时代来临。这是我作为图解工作者的梦想。与我有同感的人，请务必参加这个"全民运动"吧！

2002 年 11 月
久恒 启一

◎感谢石井晴夫、石村诚、小野一宏、神德哲郎、木村由利子、祐川奈津子、塚田幸广、中村茂昭、长谷川嘉宏、星野美幸协助完成本书中的图解。

目录

前言 "图解教室"开场白…… 3

- 相信图解的力量…… 3
- 自我训练图形思考与表达的实用书…… 4
- 用图解掀起工作革命！…… 5

第1章 Back to Basics
基础篇 关键词、圆圈、箭头
——从图解的基本技巧开始学起

第1课 欢迎进入图解思考、图解沟通的世界！…… 002
以图解锻炼思考力与构思力

- 再见了！条目式写法…… 002
- 图解有利于表达，也能帮助思考…… 003
- 没有所谓"完美的图解"…… 007
- 讨论，让图解更上一层楼…… 008

第2课 圆圈与箭头，让任何事物都能图解…… 010
表达结构和关系的图解流程与技巧

- 如何以"图"解读"文章"？…… 010
- 用6种圆圈表达关系、位置、结构…… 011
- 用7种箭头表达移动、顺序、方向、关系…… 014
- 尝试用圆圈和箭头描述日常熟悉的事物…… 017

第3课 胆大心细是图解的基本原则…… 019
以鸟瞰的视角从整体架构着手

- 鸟瞰，就能看清整体…… 019

- 完成分组之后，加上关键词…… 020
- 凸显核心主题…… 020
- 别忘了留意细节…… 021

第 4 课　图解必备的要素——标题和结论…… 023
磨炼萃取本质的能力

- 善用字典找寻关键词…… 023
- 用标题抽出本质…… 024
- 取一个富有冲击力的标题…… 025
- 结论30字左右最适合…… 026
- 具有美感的图解，如同一篇中文诗词…… 027

第 5 课　传达与展示图解的秘技…… 029
图解时别忘了，要站在读者的观点上

- 图解，是为了传达给读者而画…… 029
- 图解的表达方式随着传达对象而异…… 030
- 善用圆圈和箭头的形状与颜色…… 031
- 明确标出顺序…… 033
- 数字和图表赋予图解生命…… 034
- 在图解里使用插图的技巧…… 034

第2章

Step by Step

实践篇　图解思考，就是深度思考
——分解图解步骤，从修改过程学习图解思考

第 6 课　图解，让你培养独立思考的能力……038
动手图解之前，你该知道的事情

- 用图解进行讨论，享受创造知识的乐趣……038
- 图解是你沟通时的好帮手……038
- 图解的终极目标是拥有自己的主张……039

第 7 课　以脑力激荡完成图解……041
如何将图解应用在生活与工作中？

- 图解与结论要一致……041
- 抽出书中关键词……043
- 插图容易导致概念混淆……045
- 克服"好像还没有完成"的不安……046
- 图解思考比图解表达更有趣……046
- 图解能激发意想不到的观点……049
- 从图解看出时代变迁……050

第 8 课　图解就是"换句话说"……052
如何完成一张图解？

- 换句话说——将素材翻译成自己的语言……052
- 无法理解图解时，干脆从头再画一次……056
- 试着改变大小和配置，有助于深度思考……057
- 思考"这张图解是否能应用于工作"……058
- 思考"如果改变位置和箭头方向会怎样"……059

第 9 课　留白，是我故意的……062
如何以留白方式完成图解？

- 把共同与相异之处分开思考……062

- 分类方式能展现个性与思想⋯⋯ 065
- 填空的过程让思绪更宽广⋯⋯ 067
- 留白的图解有助于会议时的头脑风暴⋯⋯ 068

第10课　文字、图案与数字的力量⋯⋯ 070
如何从图解进化到图解思考？

- 将图解内容泛用化，扩大应用范围⋯⋯ 070
- 检视信息是否过于片面⋯⋯ 072
- 画成图解，脑中会浮现新想法⋯⋯ 074
- 思考是否有其他切入点⋯⋯ 075

第11课　图解有助于思考解决方案⋯⋯ 077
如何将图解与工作联结？

- 试着图解工作面临的问题点⋯⋯ 077
- 表达技巧和标题文案双管齐下⋯⋯ 079
- 不只分析现况，还要画出解决方案⋯⋯ 081
- 图解，让沟通更顺畅⋯⋯ 084

第12课　当图解化为思考零件的那一刻⋯⋯ 085
如何画一张大家都点"赞"的好图解？

- 避免重复出现相同要素⋯⋯ 085
- 以自己的经验为起点开始思考⋯⋯ 088
- 思考图解能否应用在其他领域⋯⋯ 090
- 将图解升华为思考零件，加速思考⋯⋯ 091

第13课　图解，持续进化中⋯⋯ 093
如何掌握图解的框架？

- 让图解的整体架构更明确⋯⋯ 093
- 经验的累积改变了图解架构⋯⋯ 096
- 图解架构随着思考的深入而变化⋯⋯ 097
- 拓宽视野就会有新想法⋯⋯ 098

第 3 章

Just Do It!
应用篇 图解，是展现个性的表达法
——动手做图解，感受图解沟通的力量

第 14 课　动手练习图解论文……102
如何图解内容扎实的文章？

- 切入点不同，表达方式也会大为不同……102
- 避免树形图过于扩散……103
- 分成几个大区块……105
- 在图中加入"我"……107
- 尽量减少文字量……110
- 图解完毕之后，重新下标题……111

第 15 课　动手练习图解报纸专栏……117
如何强调图解的差异化？

- 文字与图互为对称，让对比更鲜明……117
- 仔细研究案例……119
- 大公开！主管如何使用图解？……122

第 16 课　动手练习图解报纸社论……126
如何图解充斥专业术语的文章？

- 忠实追随原文，使其简单易懂……126
- 聚焦，就能轻松锁定重点……128
- 注意！千万别让竖式图解沦为表格……129
- 有图有真相！图解比文字更能凸显个人风格……131

第 17 课　动手练习图解电子报……134
如何用图解发现原文逻辑不通之处？

- 绘制一张胜过原作的图解……134

- 它们之间的关系是对立还是包含？…… 137
- 图解能浮现问题点…… 139
- 到底什么是素养？…… 139
- 图解能让人修得素养…… 141
- 图解自己的文章，才会发现思考浅薄之处…… 142

第18课　动手练习图解广告…… 146
如何兼顾图解的逻辑与趣味？

- 插图，让大家都能轻松一下！…… 146
- 明确列出结论…… 147
- 不懂的地方，先留白也无妨…… 149
- 重组素材的方式正是所谓的思想…… 151

第19课　动手练习图解报纸专栏…… 154
如何以问答方式架构图解？

- 有问就要有答…… 154
- 不断聚焦主体，到只剩一个为止…… 157
- 讨论，掀起图解的战争…… 158

第20课　图解你的工作…… 162
如何以图解开启一场工作革命？

- 只点"赞"是不够的，自己动手做图解才回本！…… 162
- 你了解自己的"工作"吗？…… 164
- 以图解完成工作交接…… 165

第1章 Back to Basics

基础篇 关键词、圆圈、箭头

——从图解的基本技巧开始学起

第 1 课　欢迎进入图解思考、图解沟通的世界！
第 2 课　圆圈与箭头，让任何事物都能图解
第 3 课　胆大心细是图解的基本原则
第 4 课　图解必备的要素——标题和结论
第 5 课　传达与展示图解的秘技

第1课　欢迎进入图解思考、图解沟通的世界！

以图解锻炼思考力与构思力

再见了！条目式写法

"不要写成一长串文章，以条目方式简洁写出即可。"在撰写商务文书时，相信有不少人曾被这样指导过。的确，站在阅读者的角度来看，与其花许多时间看好几页冗长的文章，不如让资料准备者直接列出重点，这样更容易迅速有效掌握内容。

我想，应该有许多上班族打从进公司以后，就不断被灌输这个观念，从而不知不觉地在脑中形成了一股"条目式写法清楚易懂"的"条目式信仰"。无论是准备资料还是提交报告，很多时候都会自然而然采取条目式写法。

不过，话说回来，条目式写法真的清楚易懂吗？

其实，条目式写法存在很大的缺点。不仅列出来的各项目所占的比重会被视为相同，而且无法清楚表达各项目之间的关系。

仔细检视以条目式写法汇总的资料，我们会发现常有各项目之间存在因果关系，或某个项目比其他项目更为重要的情形。

比方说，造成问题的原因共有A、B、C三点。在条目式写法的情况下，这三点原因呈并列的状态。以比重来说，实际上A占了七成、B占了两成、C只占剩下的一成，其影响程度有很大差异。也许A和B是远因，正是因为A和B才导致C这个近因。因此，条目式写法是一种完全忽视项目之间比重大小或彼此关系的表达方式。

用条目式写法汇总数据时，无须思考结构和关联性等因素，只要把各个项目列出即可，不太需要用到头脑。如果习惯了条目式写法，甚至会有对各种事物失去自主深入思考能力的危险。

能够自己动脑思考、找出问题解决方案的人，才能在这个时代胜出。充分运用自己的头脑，对各种事物进行深度、有逻辑的思考将变得更加重要。

那么,如何更充分地运用自己的头脑、对事物进行逻辑思考、构思新想法呢?这是个难题。针对这一点,我推荐的方法是"图解"。

要想图解某件事物,就不得不对它进行深入的分析与思考。什么与什么之间存在紧密的联系?什么与什么之间有因果关系?什么与什么是对立关系?什么与什么是包含关系?哪个项目更为重要?需要检视的事情非常多。相较于条目式写法,这是相当棘手的作业。

然而,经过如此的图解作业,常能使人对事物的架构看得更透彻,或是让自己的想法或立场变得更明确。

图解有利于表达,也能帮助思考

举例来说,我上一本著作《图形思考:依靠图形解决问题》的责任编辑为我准备了一份资料。这本书在日本大卖 8 万册(截至 2002 年 11 月),《经济学人》(The Economist)日文版委托我,希望能以图解的方式,分析这本书为什么畅销。我请责任编辑将读者的意见转达给我,他汇总后送过来的是图 1-1。

图 1-1 逐条分析《图形思考:依靠图形解决问题》成为畅销书的原因

- 掌握了思考的本质
- 对解决问题有实际帮助
- "看得到"的思考比较有说服力
- 适合信息化(运用电脑)的思考法
- 读者读完后感受到,一定能提高"图解思考能力"
- 能运用在工作或生活中的任何场合
- 好像连我都办得到,觉得很有亲切感
- 让人茅塞顿开的构思法

看着图 1-1，我半开玩笑地对他说："这根本是条目式写法嘛！"

他笑着回答我："我不会画图。"

当然，并不是说条目式写法就一定不好。在有些情况下，条目式写法的确更清楚易懂。不过，作为让各位学习"图解"这种思考法的实例，我试着用我的方式，把图 1-1 绘成图 1-2。

图 1-2　图解分析《图形思考：依靠图形解决问题》成为畅销书的原因

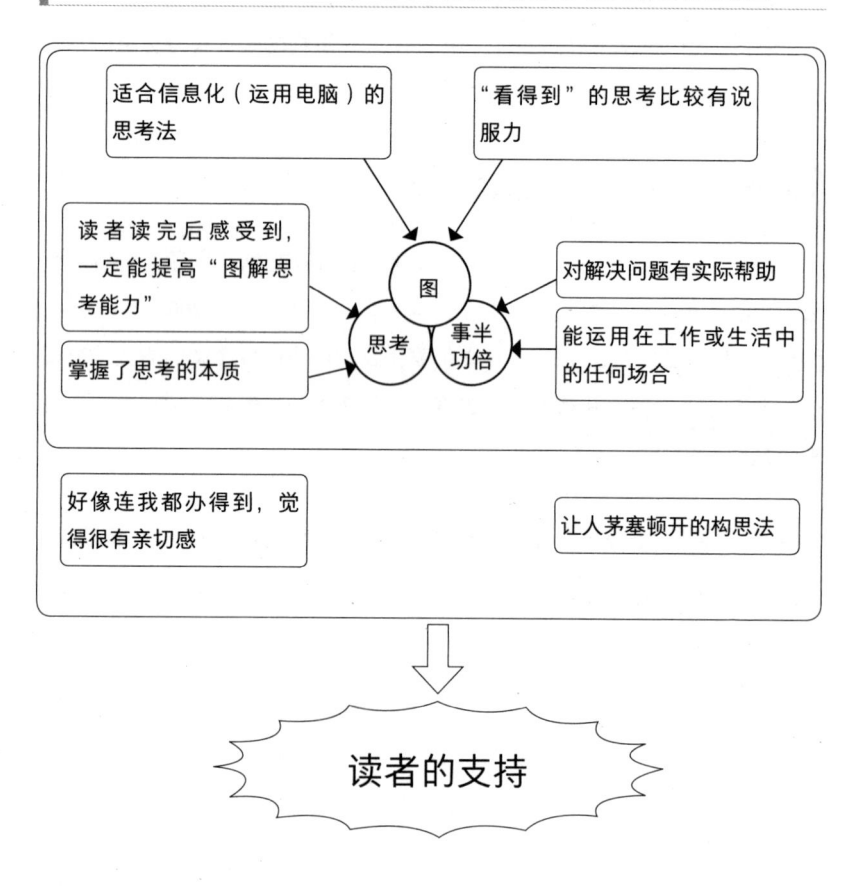

```
┌─────────────────────────────────────────────────────┐
│  ┌──────────────┐         ┌──────────────────┐     │
│  │适合信息化(运用电脑)│     │"看得到"的思考比较有│     │
│  │的思考法       │         │说服力            │     │
│  └──────────────┘         └──────────────────┘     │
│                      ↘  ↙                          │
│  ┌──────────────┐     ╭──╮      ┌──────────────┐   │
│  │读者读完后感受到,│    │图 │     │对解决问题有实际帮助│  │
│  │一定能提高"图解思│──→│思考│←──  └──────────────┘   │
│  │考能力"        │    │事半│      ┌──────────────┐   │
│  └──────────────┘    │功倍│      │能运用在工作或生活中│  │
│  ┌──────────────┐    ╰──╯      │的任何场合     │   │
│  │掌握了思考的本质 │──→              └──────────────┘   │
│  └──────────────┘                                   │
└─────────────────────────────────────────────────────┘
┌─────────────────────────────────────────────────────┐
│  ┌──────────────────┐        ┌──────────────────┐   │
│  │好像连我都办得到,觉│        │让人茅塞顿开的构思法│   │
│  │得很有亲切感      │        └──────────────────┘   │
│  └──────────────────┘                                │
└─────────────────────────────────────────────────────┘
                          ⇩
                  ╱╲╱╲╱╲╱╲╱╲╱╲
                 ⟨   读者的支持   ⟩
                  ╲╱╲╱╲╱╲╱╲╱╲╱
```

为了让各位一并了解条目式写法和图解的过程有什么不同，接下来我将简单说明怎样把条目式信息做成图解。

首先，为了看清楚整体架构，我把各条目进行分类，作为图解作业的开始。

如果把相似的信息归在同一类，我发现基本可以分成三大类。

第一类，是认同"绘成图解的效果"。也就是说，即使是同样的内容，相较于用文章表达，制成图解信息在会议或报告等场合使用，常常更能增加说服力。再加上目前幻灯片与办公绘图软件已非常进步，学习如何用图解表达，才能跟上时代。

提出这一类意见的人，可以说是从"表达技术"上感受到图解优点的读者。

第二类，是"以图协助思考的效果"。为了绘制图解，必须全面掌握事物架构，这自然而然会让人深入思考事物。在我收到的读者意见当中，有好几位都提到"原本觉得图解只不过是表达的工具，不过，试着实际绘制以后，却发现思绪在脑中得以整理清楚，之前没想到的点子不断地涌现出来"；或是"我本来不曾深入思考自己的工作，但是，当把自己的工作绘成图解之后，变得能进一步深入思考事情了"，等等。

提出第二类意见的人，可以说是在"思考"这一点，感受到图解优点的读者。

第三类，是认同图解对解决工作或生活中的实际问题有所帮助。有好几位通过网络把意见传给我的读者，都提及他们不只试着把图解应用在工作上，也尝试应用在家庭生活中。

比方说，有一位读者提到，他对"图解沟通能否降低夫妻吵架频率"进行了实验，这真是个有趣的切入点。在决定小孩就读哪家幼儿园时，夫妻用图解进行讨论，结果渐渐看清了问题的症结。据他说，在比预期还要短的时间内，就让夫妻两人取得了共识，从而使问题得到解决。

提出第三类意见的人，可以说是在现实的工作场合或家庭生活中，亲自体验到图解能帮助沟通或解决问题的读者。

把信息分成这三大类后，接下来要找寻关键词，为每个分类定个名称。关键词的取法当然有很多种，在这里让我借用日文书名中的字眼，选用"图""思考""事半功倍"三个词为各个分类取名。

把这三个关键词分别用圆圈圈起来，再把分类后的读者意见放进去，并加上箭头，就成了图1-2的架构。

接下来，把关键词加上线框，再把几个切入点比较特殊的读者意见，如"让人茅塞顿开的构思法"或是"好像连我都办得到，觉得很有亲切感"等放在线框外面。最后，再用一个大框把所有东西框起来，拉一个箭头到"读者的支持"，完成整体的架构。

不知道大家是否已经看出来，为了完成图解，需要进行一连串复杂的思考过程？和只要把要素列出即可的条目式写法比起来，制作过程有很大的不同吧？

那么，接下来不要再看过程，让我们来看看条目式写法和图解呈现的"产品"有什么不同。请大家比较一下图1-1和图1-2。

通过比较这两个图，相信各位马上就可以发现，用条目式写法汇总出的资料，在内容上都是非常重要的项目，但却无法让人看出整体架构以及各项目之间的关系。图1-2与图1-1的呈现方式大为不同，大家应该可以从中看出结构差异。

文章或条目式写法在结构上是排列在一起的无数条直线，无法让人看清整体架构。但是，画成图解后，由于圆圈和箭头是分层排列的，能给人留下立体的印象。

换句话说，这是一度空间与二、三度空间呈现方式的差异。图解，是一种比较具有空间感的表达方式。

要把一度空间的概念转化为二度空间或三度空间，必须加上另一条轴线的角度。这个步骤是把隐藏在一度空间即直线中的要素，升华至二度空间或三度空间的作业。换句话说，这个步骤其实就是"深入思考事物的本质"。也就是说，图解的过程能帮助我们增加思考的深度。

图解和条目式写法，不仅是两者呈现的结果有很大不同，其思考过程也有很大差异。

因此，图解不只是表达的工具，也是思考的工具。

没有所谓"完美的图解"

如果问我图 1-2 是否称得上完美，答案是未必。再回头仔细想想，"让人茅塞顿开的构思法"这个意见，似乎也能包含在"思考"这一类别里。而若是"让人茅塞顿开的构思法"被分到"思考"这个类别，那么"思考"的比重就会变得相当大。如此一来，"图""思考""事半功倍"这三个圆圈中，"思考"的圆圈应该画得更大才对……因此，即使画完图的当下觉得画得很好，过几个月之后重新检视，又会发现许多想要动手调整修改的地方。

不仅如此，之后有一次举办读者讲座，听众们都读过我的书，他们写下的读书心得让我又想修改图 1-2。因为有一位读者在心得中写了"简单""明确""亲和"这三个关键词。

图 1-2 里，"好像连我都办得到"这个意见，其实就是"简单"；而"很有亲切感"不就是"亲和"吗？所以，那张图其实也能以"简单""明确""亲和"分类。

对我来说，这是刺激也是新发现，让我想试着用"简单""明确""亲和"三组关键词，再绘制一张新的图解。像这样能在接收到许多刺激后，让图解继续进化，也是图解的有趣之处。图解的变化无限，并不存在已成定案的图解。

"什么？那张图解竟然称不上完美？"也许会有读者感到失望。但是很遗憾，图 1-2 的确不是一张完美的图。

我们每个人受限于当时的理解程度，也受限于当时的知识水平，在每个时间点画出的图解都会有一个极限。对在某个当下觉得已经完美的图解，常常会在经过几个月，知识与思考更上一层楼后，又激发出更好的表达方式。更何况在绘图时，或会受到时间限制，或会被当时身心状况影响。所以，只要在每个当下画出自己认为最好的图解就可以了。如果有不懂的地方，先将其搁置也没有关系。放置一段时间，等自己的思考变得更成熟了，或是突然开悟了，再进行修正就好。有时候，在某个当下一直想不通的事情，可能在五年、十年后突然就茅塞顿开。

其实，一开始就不存在完美的图解。这么说可能比较贴切——图解，是陪着自己一起成长、持续进步的思考与表达工具。

那些自认为不大会画图的人，我发现绝大部分是因为过于追求最好的图解、完美的设计，反而导致什么都画不出来。然而，世上大部分事物原本就不是完美的存在。况且问题的正确答案并非只有一个，"这个是正确答案""那个也是正确答案"。

图解也是一样。也许多多少少会有画得好或不好的差别，但基本上无论哪张图，都不会是完美的正确答案。当然，也不会有哪张图是完全错误的，每张图都有正确的部分。

我在教导画图解时，常对我的学生说："我们有误会的权利、犯错的权利，也有深入思考的权利。"无论是图解知名学者的著作还是报纸社论，我们有误会作者原意或解读错误的权利，也有深入思考的权利，请抱着这种态度，轻松地试着画画看。我们完全没有必要绘出一张完美反映作者原意的图解，更别在意对错与否，尽管放心动手并勤加练习。如此一来，思考自然能更深入，图解技巧也能不断提升。

抛掉"如果画出一张不怎么样的图，那多丢脸啊"的疑虑，毫无顾忌地自己动手做图解吧！

讨论，让图解更上一层楼

话说回来，大家看完我画的这张图之后，会不会觉得心里有几句话想说呢？比如"要是我，我会这么画""这里好像不大对""这里看不大懂"等，大部分人看了别人绘制的图解后，多少会有类似的感想。

相对地，看完图 1-1 的条目式写法后，情况又是如何？脑中应该不太会涌出"要是我，我会这么写"或"这里不对"之类的感想吧？想动手修改它的意愿并不容易浮现，不是吗？

在我的图解教室里，有一位这样的学生。他在家里试着图解报纸社论时,之前从来没跟他在政治、经济这种艰涩难懂的话题上有过什么对话的妻子,在旁边指出"这里有点怪怪的"。他说,从此之后,夫妻之间拥有了过去不曾有过的新话题。我猜想,如果面对的是整片字海的文章或条目式的内容,也许这位妻子就不会对先生做出前述指正。图解,有种不可思议、让人想对它表达些意见的魔力。

这种魔力不仅对别人绘制的图解有效,对自己已经完成的图解也一样。比方说,已经写好的文章,就算几年后再拿出来读,也很难让人想对它进行修改,因为实在太麻烦。但是,如果是图解,即使几年之后不经意再看一次,也常会让人想再动手修改。

因此,图解是一种存在"刺激进步"与"激发沟通"装置的思考工具。用图解在职场进行沟通非常有用,我称它为"图解沟通"。一般来说,相比使用文字资料的会议,运用图解的会议更能激发与会者之间的讨论。尤其是如果刻意不把整张图完成,故意在图解上留白,就会促使大多数与会者想在留白处填入什么或提供意见。

图解沟通能让你有全新的发现,也能使你学习到未曾发现的切入点,进而让图解技巧愈加进步。

当然,凭借图解沟通,包括自己和参与讨论者在内,都能跟图解一起成长。因此,当你完成一张图解之后,请试着以它为主题和其他人讨论。如此一来,你的图解技巧与思考力都能更上一层楼!

第2课　圆圈与箭头，让任何事物都能图解

表达结构和关系的图解流程与技巧

如何以"图"解读"文章"？

在第1课中，我们已经说明图解的答案不会只有一个。用什么方法来表达它，完全是绘制图解者的自由，并没有任何绘制图解的特别规定。

话虽如此，对第一次尝试图解的人来说，也许会对究竟该如何着手毫无头绪。所以，虽然图解方法会因目的是理解一件事情或思考解决方式，还是传达给别人而有所不同，我还是会在本课为各位大致解说图解的基本画法。

首先，假设我们要图解的是一篇现成的文章。

需要准备的工具包括一支好写的笔、做记号用的荧光笔，还有几张A4大小的白纸。如果会操作办公软件，也可以在计算机上直接画图。

在图解的开始，先阅读整篇文章，挑出核心论点或重要之处、有趣的表达等，在这些地方画线。对自己无法理解的地方，用另一种颜色画线。总而言之，先把文章通读一遍，以掌握其整体内容。

接下来，把画线部分重新再读一次，认为是关键词的词语，就以圆圈圈起来。

这样就完成初步准备了。

接着，我们要以这些素材为基础绘制图解。绘制时使用的表达符号，基本上只用圆圈和箭头就可以。对图解来说真正必要的，一是思考各要素间究竟是什么关系，二是思考各要素的权重有多大。要表达彼此间关系与权重，只要靠圆圈和箭头便足够了。请大家记住，图越简单，越能发挥传递信息的功能。

接下来，请各位把刚才圈起来的关键词与画线的地方全部抄写到白纸

上。这个步骤是把能够成为图解素材的部分写到同一张纸上。

不过，如果只是这样，就与条目式写法几乎相同了。

所以，我们要思考在这些要素中，哪些要素互有关系？哪个要素相对来说是比较大的概念？要用这样的思路检视从文章里选出的素材。

首先，找找看写出来的这些要素是否有特质或相似内容。有的话就把它们分类，将每类放进不同的圆圈里。

与其继续用原来那张已经写满了各要素的纸，不如用一张新纸。先在上面画几个大圆圈，再把各要素填进去。如此一来，就会出现将成为架构的几个类别。

接下来思考各个类别的大小，对重要性较高的类别或较大的概念，就改画一个更大的圆圈。

进行到这里，构成整体的素材基本上已经定好了。当然，之后可以随时修正。

下面，我们要思考各类别之间的关系，在脑中一边思索"这个与那个是怎样的位置关系"，一边重新配置各个圆圈的位置。

用 6 种圆圈表达关系、位置、结构

表达结构关系的圆圈，有几种不同的配置类型。我把它们整理在图 2-1 里。

1. 包含：大圆圈里包含小圆圈的结构。

在图 2-1 中，我们可以看到"资产"这个大圆圈中包含"流动资产"；而"流动资产"里包含"现金存款"。如果改变圆圈的大小，就能表达彼此所占的比例。

大部分事物都有所谓的上层概念存在，把它找出来，包含关系就能变得更清楚、更容易理解。

2. 邻接：表达各要素彼此之间有接触点、彼此邻接的结构。

如果用图来表示金融大爆炸前的金融行业的话，银行、证券、人寿保

图 2-1　6 种圆圈的使用方法

1. 包含

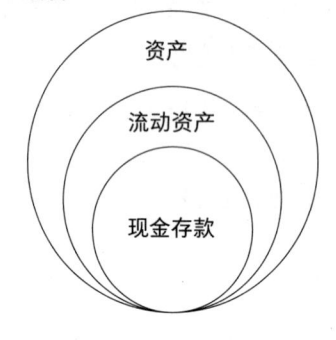

- 资产
- 流动资产
- 现金存款

2. 邻接

"金融大爆炸"之前的金融行业

- 银行
- 证券
- 人寿保险
- 损害保险

3. 重叠

"金融大爆炸"之后的金融行业

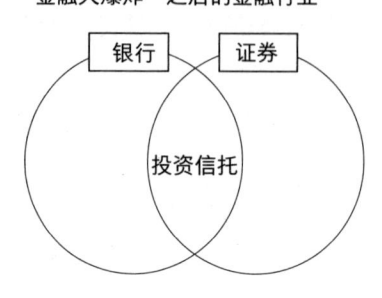

- 银行 / 证券
- 投资信托

4. 分离

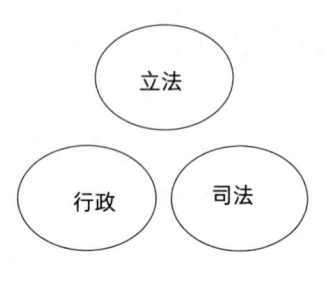

- 立法
- 行政
- 司法

5. 并列

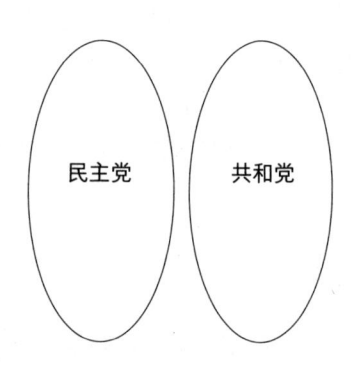

- 民主党
- 共和党

6. 群立

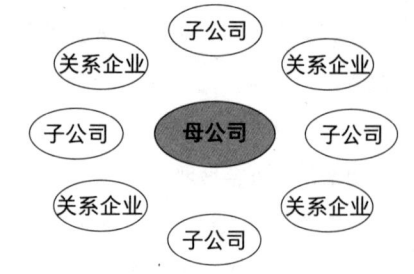

- 母公司
- 子公司
- 关系企业

险、损害保险处于彼此不重叠但邻接的状态。

如果把东京都、神奈川县、埼玉县、千叶县大致的位置关系用圆圈表示的话，也能用邻接的关系来表达。只不过在大部分情况下，各种要素之间多少会有一些重叠的部分，完全邻接的关系并不多见。

3. 重叠：圆圈重叠在一起的结构。有两个、三个或四个圆圈相互重叠等各种不同类型。

金融大爆炸以后，银行业界与证券业界重叠的部分便增加了。比如投资信托商品的销售，就是典型的跨售业务系统。

4. 分离：圆圈彼此分开的结构，在表示各自独立的关系时使用。

在图 2-1 中，我们以立法、行政、司法的三权分立状态为例。但是，本例中这些要素虽然彼此是分离的，但并非毫无关联。在后面我们会说明，必须另外用线和箭头把这些关系联系起来。

5. 并列：把两个圆圈排列在一起，借以比较两件事物。

为了比较美国的两大政党，我以并列的方式将民主党和共和党排列在一起。

并列关系并非只是单纯表示两者地位对等，也可能表示两者处于对立关系。像民主党与共和党，在许多情况下是彼此对立的。

不过，在政策方面，这两个政党之间也有许多共通之处，因此也可能会使用到重叠结构的图。而如果打算一并表示两者在参议院与众议院的议席多寡，可以通过调整圆圈大小来表现。换句话说，绘制图解者必须先自问"究竟想透过图解表达什么"，再依据目的改变图解架构。

6. 群立：大圆圈和小圆圈成群聚在一起的结构。

比方说，母公司、子公司与关系企业这种企业集团关系，就能用"群立的关系"来表达。若是再配合各公司营收规模来调整圆圈的大小，就能让人一眼就明白整个集团的状态。

只要运用这 6 种圆圈，就能表达大部分的关系结构。

我教学生如何用圆圈制作图解时，有人问过："难道用方框就不行吗？"方框当然也可以。

不过，用方框的话，传达给人的印象会变得比较僵硬。依据心理学的研究，似乎人在看到有棱有角的东西时比较容易紧张，而面对圆形的东西则不会有敌意。所以，无论是人类或动物，小时候都长得圆滚滚的。各位应该没看过长得方方正正的婴儿吧？据说，这也是人类在自然界中为了自我保护、不受攻击才如此进化的。

圆形让人感觉有弹性，也给人较柔和的印象，容易让人认同。所以，我个人认为，图解时尽可能用圆圈比较好。

各位读者之中，说不定有人既想使用圆圈，又想使用方框。如果圆圈与方框出现在同一张图解，请大家至少要有"物以类聚"的意识，同类型的信息要用同一形状的外框表达。

如果不这样做，请试着想象刚才三权分立的例子。如果立法用圆圈圈起来，司法和行政用方框圈起来的话，可能会导致看图解的人误以为圆圈和方框分别代表特别的含意，如"立法特地用圆圈，是不是有什么特别的意义？""行政之所以用方框，究竟是什么意思？""是指政治家身段圆融、见缝插针，而行政官员看起来九品中正、不知变通吗？"等等。所以，在一张图解中表达同类型的概念时，请务必使用同一外框。

用 7 种箭头表达移动、顺序、方向、关系

大致决定了以圆圈组成的架构之后，接下来就轮到箭头登场了。箭头是用来表示各个圆圈之间的关系、顺序、移动或方向的符号。

在逻辑构成上，最常出现的关系是"原因"→"结果"的因果关系。从原因拉一个箭头到结果，就能清楚表达其因果关系。另外，如果要表达时间的流动，也能用箭头来表示顺序。

接下来，我把箭头的几种不同使用方式整理在图 2-2 里。

图 2-2　7 种箭头的使用方法

1. 连续

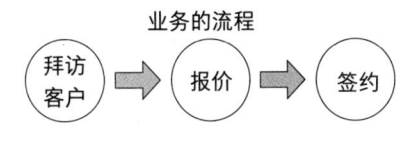

业务的流程

拜访客户 → 报价 → 签约

5. 互动

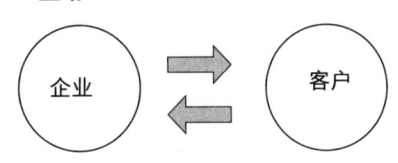

企业 ⇄ 客户

2. 展开

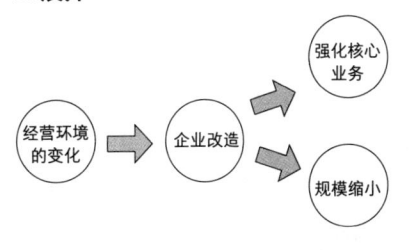

经营环境的变化 → 企业改造 → 强化核心业务 / 规模缩小

6. 扩散

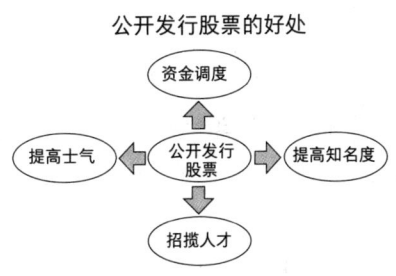

公开发行股票的好处

资金调度 ← 公开发行股票 → 提高知名度
提高士气 ← 公开发行股票 → 招揽人才

3. 顺序

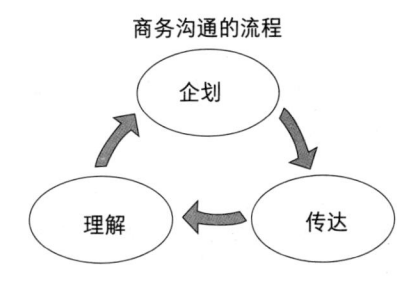

商务沟通的流程

企划 → 传达 → 理解 → 企划

7. 因果

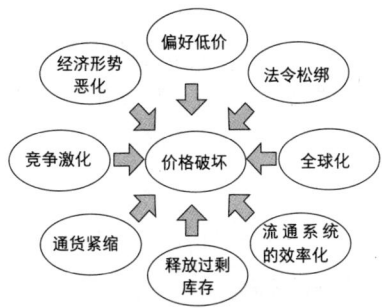

偏好低价、经济形势恶化、法令松绑、竞争激化、全球化、通货紧缩、释放过剩库存、流通系统的效率化 → 价格破坏

4. 对立

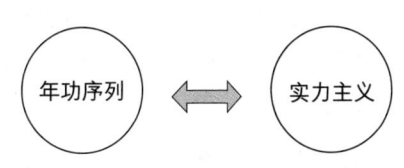

年功序列 ⇔ 实力主义

1. 连续：用箭头表达从 A 到 B、从 B 到 C 的连续顺序。

在图 2-2 中使用的例子，是业务人员取得订单的流程。我们使用箭头表达"拜访客户之后是报价，报价之后是签约"的连续关系。

在绘制图解时，首先必须思考各要素之间是否存在时间上的连续关系，或是因果上的连续关系。

不过，绘图时如果箭头忽左忽右或杂乱交叉，很容易让人眼花、错误解读连续关系。因此，要表达连续关系时，请记得尽可能让顺序朝一个固定方向发展。

2. 展开：以箭头表达情况的展开。

在图 2-2 中，以箭头表达情况展开的例子是"经营环境的改变，将引发企业做出什么样的应对措施"。经营环境一旦产生变化，会迫使企业进行企业改造，结果可能往两个方向发展：其一，企业经过改造之后，强化发展核心业务；其二，企业单纯裁撤亏损部门、进行人员削减，使得公司规模越来越小。

各种情况的展开，都能在图解中以箭头表达。箭头由直线分出两个方向、三个方向，就能表达展开的概念。

3. 顺序：表达思考的顺序时，也能使用箭头。

在图 2-2 中，我们使用的例子是商务沟通的流程。大部分的商务流程，起始于正确掌握信息，也就是"理解"；然后将信息加工、重组以创造价值，也就是"企划"；最后再把信息传递出去，也就是"传达"，从而完成一个循环。信息传达出去后，思考的顺序又重新回到"理解"，开始一个新的循环。

4. 对立：表达彼此对立的两个要素时，使用两端都带有箭头的双箭头。

在图 2-2 中，我们用双箭头表达"年功序列"与"实力主义"是两种对立的概念。其他对立的概念，比方说高速发展与低速发展、自由主义与保护主义、战争与和平等，也都能用一个双箭头表达。

5. 互动：表达双向关系时，使用两个方向相反的单箭头。

在图 2-2 中，我们以"互动"表达企业与客户间的关系：企业与客户都希望双方能维持良好关系。

大部分与沟通相关的概念，都能用两个箭头来表达双向关系。比如上司与下属间的沟通、家族间的沟通等，都能以互动来表达。

除了基本模式之外，箭头还有以下两种用法。

6. 扩散：表达向外扩展的意象。

在图 2-2 中，我们把"公开发行股票"放在最中间，因公开发行股票而产生的好处则配置于周围，如同是往外扩散。

看到这张图的人，很容易就能明白资金调度、提高知名度、招揽人才、提高士气等好处是从公开发行股票而来的。

7. 因果：表达诸多因素造成某个情况。

在图 2-2 中，表达因为客户偏好低价、法令松绑、全球化、经济形势恶化、竞争激化、通货紧缩等诸多因素导致价格破坏的情况。

像这样巧妙运用箭头，就能表达各种各样的关联性。

把作为基本素材的圆圈进行适当配置，再用箭头相互联结，草图就完成了。完成草图后，请各位重新仔细对整体架构进行一次检视，看看是否已经好好掌握了整体结构。

尝试用圆圈和箭头描述日常熟悉的事物

在第 2 课中，我们已经初步说明如何配置圆圈以表达架构，以及箭头的使用方法，也许会有读者觉得太简单。但是，得到知识并不等于已经习得了使用方法。所以，这里有个简单的练习，请大家试着思考看看。

你在公司所属的部门，与隔壁部门有怎样的关系？

如果用两个圆圈来表达的话，会是什么结构？是刚才提到的并列、邻接、分离、重叠、包含中的哪一种？

接下来，如果在你的部门和隔壁部门这两个圆圈之间画上箭头，又会是什么箭头？是双向、对立，还是工作内容上的顺序关系？

思考过这些之后，你的部门与隔壁部门之间的架构和关系，是不是稍微变得清楚了呢？大家有没有发现，这样的图解其实只用了简单的圆圈和箭头？

如果只把图解技巧当成知识来了解，根本无法将其变成真正的技能。所以，建议大家想想看，除了本书介绍的案例之外，还能运用在哪些地方？想要将图解技巧内化为实务技术，就要把它应用在自己的工作与身处的环境中，随时随地思考。

如果大家能养成随时对自己熟悉的事物进行图解的习惯，那么必定能提升实践图解的技能。

第 3 课　胆大心细是图解的基本原则

以鸟瞰的视角从整体架构着手

鸟瞰，就能看清整体

绘制图解的基本要求，就是胆大心细。一开始，先在较大视野下掌握整个图解的结构；着眼于大架构，大胆利落地删除多余要素。如果不这么做，画出来的图可能会充斥旁枝末节，让人弄不清楚你到底想表达什么。

有句话叫"见树不见林"。为了避免发生这样的状况，我们必须让自己拥有鸟类的视野。鸟类能翱翔天空，一眼望尽整座森林的全貌，我们也要像鸟类一样，用又高又广的视野鸟瞰事物的整体架构。如果只用小虫的视野观察事物，就只能看到眼前那棵树，甚至只能看到树枝和树叶。为了看清整座森林，我们需要以鸟眼俯瞰，而不是以虫眼微观。

但是，是不是视野越高就越好呢？那可不一定。如果是喷气式客机的视野，由于比鸟类飞得更高，似乎又显得太高了一点。因为视野实在太高，使得森林看起来都不像森林，而是芝麻绿豆大小。基于喷气式客机的视野绘制的图解，可能会脱离现实。因此，我所说的从高处俯瞰，不是请大家从几万米高空往下看，而是指以鸟类飞行的视野看清楚整体架构。

商务人士常常被要求具备比目前更高一级职位的视野，也就是说，组长处理手中的工作时，要有课长的视野；课长处理手中的工作时，要有经理的视野。不过，我认为具备比目前高两级职位的视野更为适合。身为组长，要有经理的视野；身为课长，则应有副总经理的视野。

在绘制图解时也是一样，采用高两级的视野更为恰当。比方说，课长在思考人力资源分配的图解时，不应该只考虑自己这个课，而应该假设自己是副总经理，试着用副总经理的视野把目前所属部门与事业部放在一起考虑。或者，在绘制比较自己公司与竞争公司的图解时，应该从高一层的"同行业"，以及高两层的"日本经济"的角度对架构进行思考与分析。

如果身为经营者，那么不仅要考虑"同行业"，还要从高一层的"日本经济"，以及高两层的"世界经济"进行思考。

可是，课长在思考人力配置时，若是从"世界经济"的角度进行思考，视野未免就太高了些，显得不切实际。

在绘制图解时，以高出两层职级的视野进行分析，差不多刚刚好。所以现在请各位想象自己变成一只鸟，用高两级的视野把自己之前画好的草图重新检视一遍。

完成分组之后，加上关键词

在第2课中，我们教各位的图解基础步骤，是在找出各要素之后进行分类，再整理到圆圈里。在此提醒各位，在进行这道作业时，别只是忙着分类，也要试着为每个类别加上关键词，这个步骤有助于思考更大的概念。

我们很容易认为，既然已经把同类型的要素圈在一起了，那么看那些圆圈就能了解各分类是什么。但是，对于看图解的人来说，在没有任何标示的情况下，要看懂这些要素是以什么观点进行分类的，或每个圆圈分别代表什么含义，其实是一件很难的事情。

比方说，把"图像""声音""文字"放在同一个圆圈里时，看图解的人很难理解究竟代表什么意思。如果我们为分类加上一个"信息"作为关键词，或是加上"多媒体"作为关键词，就很容易让人看懂了。

以这样的方式探讨上层概念，不仅能拓宽视野，也能让思考变得宽广又深入。

凸显核心主题

要让整体架构清晰，就必须凸显图解的核心主题。首先，重新仔细定位，想一想最想透过自己正在绘制的图解传递什么信息。定位完毕之后，把重要的内容以及想要传达的信息尽可能安置在图解的中央或附近的位置。

中间位置总是最醒目的，如果将想表达的事情胡乱塞在角落，可能会不够显眼。所以，请大家将重点要素安排在图解正中央附近。

完成中心部分的图解后，接下来把它扩展为接近左右对称的图形，就能给读者一种安定感。另外，把重要语句放到中心部分，就能以较具冲击力的方式把想传达的事情传递给读者。

正中间并不是只能拿来放重点要素或想传达的话。另一种情况是把该图解的"主题"放到正中央。比方说，要图解"我的工作"时，由于主体是"我"，便可以把"我"放在正中间。而绘制给客户做展示的图解时，把"客户"放在图的正中间也是一种技巧。

▍别忘了留意细节

完成整体架构后，接下来是针对细节进行绘制。把相似的要素分到一起，用圆圈圈起来，再用箭头相互联结——基本上和绘制整体架构时使用的技巧一模一样。无论要图解多细的细节，基本只需要圆圈和箭头。

前面提到，图解时需要胆大心细。胆大这件事，其实出乎意外地简单。去除旁枝末节，勇于舍弃，这并不是太困难的事。

但是，在心细的部分，做得好的人就不多了。所以，无论是多么小的要素，也务必仔细思考它们之间的关系，以圆圈分类、以箭头联结，借由圆圈和箭头表达重要程度和相互关系，这些基本态度要贯彻到图解的最小细节。

有时候，我们会看到一些图解在整体架构的部分做得相当好，但写在各个圆圈中的信息，却是条目式写法。这样的图解也是在细节部分做得不够仔细。要注意，千万不要因为是细节就采取条目式写法，要认真绘制图解，让彼此间的关系与重要程度更为明确。如果因为纸张空间太小，无法继续图解，也不必强求把所有信息写在一张纸上，可以另外再画一张图。

此外，为了让细节也能尽善尽美，词语的选择也很重要。尽可能用精简的词语，切中要点表达，千万别在圆圈里塞进两行甚至三行文字。如果文字太长，看图解的人没有仔细读完，就无法掌握作者想表达什么。短短一两个词语组成的词组，在看到的瞬间就能让人了解其内容，加深对图解的印象。所以，请各位记得在绘图时尽可能使用简明扼要的词语。

使用简要的词语，对于和外国人沟通同样很有帮助。比方说，如果要将一篇很长的文章翻译成英文、法文或德文，实在是一件浩大的工程。但是，如果凭借一两个词语组成的关键词，那么即使要以一己之力把它译成外语也不太困难。我在企业任职时，曾经有过这样的经历：为了在一场由各国职员出席的会议中做报告，我画了一张只有关键词的简单图解，把它翻译成英文后，用这张图解在会议中进行说明。结果是每个国家的同事都能了解我在说什么。由于图解在跨文化沟通时也能发挥很大作用，所以希望大家在绘图时，要以绘制一张"即使翻译成外语之后也很实用"的高精度图解为目标。

此外，处于并列关系的概念，或是在图解中处于同一层次的关键词，若是办得到，就使用相同字数的词语，或是在词性、押韵等方面相互配合。如此一来，图解不但会变得精简，而且具有美感。比方说，如果其中一个关键词是"理解"，其他关键词就同样用两个字组成，命名为"企划"跟"传达"。若是"进行理解"，其他的就配合命名为"进行企划"跟"进行传达"。如果一方的关键词是"理解力"，另外的关键词就取名为"企划力"与"传达力"（案例详见第 15 课）。

像这样，如果能把关键词用精简的文字总结，那么细节部分也能被细腻地描绘出来。

所谓图解，不但整体架构很重要，细节也同样重要。无论是大的架构还是细节，都应该做到尽善尽美。

第4课　图解必备的要素——标题和结论

磨炼萃取本质的能力

善用字典找寻关键词

绘制图解时如何找出适合的关键词是个重点。可是，如果只是毫不用心地浏览书报杂志，根本无法从中找出关键词。

如果希望轻松地找到关键词，就要在一定程度上按照自己的方针阅读文章。

比方说，试着从"人才、商品、资金"的角度阅读文章，看看有没有属于这类概念的关键词。或者把视角分成"时间"与"空间"两个轴，分别从这两个轴解读文章，说不定也能找出关键词。

过去的日本产业界，曾一度以"重、厚、长、大"为指导发展主体产业，其后转变为"轻、薄、短、小"，之后再变化成"美、感、游、创"。上述这些词语，现在已然成为大部分日本人很熟悉的关键词。若是能找出准确的关键词，则图解的说服力会更上一层楼。

无论如何都找不出好的关键词时，还有一个方法——查字典。先选定几个可能成为关键词的词语，再用字典去查这些字。如此一来，就能找出近义词与反义词，再试着以这些词语为基础构思新的关键词。

比方说，如果觉得"企划"作为关键词还不够恰当，第一步应该思考有没有什么字是它的近义词——马上浮现在脑中的，是"计划"这个词。

接下来，为了确认是否还有其他类似的词语，我们用字典来查询"企划"和"计划"这两个词。查到的解释有"策划顺序和方法""规划""打算"等。找到这些词之后，再检视其中是否有符合图解内容，同时具备冲击力、适合作为关键词的词语。如果各位读者在以某个关键词进行图解时，总觉得"实在不够贴切"，就要思考是否应该更换关键词。

如果能找到贴切的关键词，对之后下标题也会有很大的帮助。

用标题抽出本质

标题，是一张图解中最醒目的部分。如果想知道一张图解画的是什么，大部分人第一眼看的就是标题。所以，下标题的方法非常重要。

但是，想要一开始就下一个好标题，是不可能的事情。因为在绘制过程中，图解会不断进化，最后完稿时的图解内容和刚开始的标题天差地别，是常有的事。一般情况下，随着不断修改图解，标题也会改变。

所以，一开始只要先下一个暂定标题，就可以开始图解。接下来，在不断试错的过程中，思考变得越来越深入后，再依照最后完成的图决定正式标题。

相较于一开始取的暂定标题，最后的正式标题应该又上了好几层楼。

"太常画图解的话，写文章的能力会变差。"也许有人会有这样的顾虑。请放心，这完全是庸人自扰。经常绘制图解的人，务求每个词语既简洁又精准，反而可以使用词变得十分精炼。

我任职于日本航空时，也担任过写文案的工作。公司新任总经理上任，需要决定某些方针时，秘书曾为此来找我商量。当时我一边图解，一边思考关键词进行提案。

比方说，我曾经提案："前任社长提倡的是'现场第一主义'，我建议修改为'现场主义'，不晓得大家意下如何？"为什么呢？因为图解之后，我才赫然发觉，之所以会产生"现场第一主义"这一词语，正是因为没有把现场摆在第一位，仿佛这家公司是为了管理者而存在的一样。既然所有的问题和解答都出自现场，相较之下"现场主义"这个词比"现场第一主义"更恰当。

写出一手好文案的关键能力究竟是什么？我认为是看透本质并提炼成词的能力。比方说，日本已故前首相福田赳夫曾经说过许多留在历史上的金玉良言。1964 年，他曾以"昭和元禄"一词形容当时日本经济高度成长时期的繁荣景象。这个新词语结合了产业繁荣且奢侈安逸的元禄时代（1688 年至 1703 年），以及因经济发展造成奢靡风气的昭和时代（1926 年

12月25日至1989年1月7日），非常贴近当时社会状况的本质。因此，"昭和元禄"成为大多数日本人都能接受的词语，由此可见，语言的力量真的非常强大。

不过，世界上并没有多少人天生拥有这样的才能，即以简洁的词语贴切表达各种事物或现况。图解是一种能贴近问题本质进行思考的工具，对一般人来说，在图解的过程中可以提升看透本质并提炼成词的能力。

一般而言，成为领导者的必备条件之一，是能以一句话表达事物本质的"文案力"。使用图解，训练设定关键词和下标题的文案力，是迈向领导者之路的重要过程。

取一个富有冲击力的标题

图 4-1 表示的是矿泉水的消费量。左图的标题是"矿泉水消费量的变化"，右图的标题是"人气暴增的矿泉水"。哪个标题更有冲击力，让人印象深刻呢？即使是同一个图表，也会因为标题的不同，而赋予人们大不相同的印象。

图 4-1　为图解下一个吸睛的标题

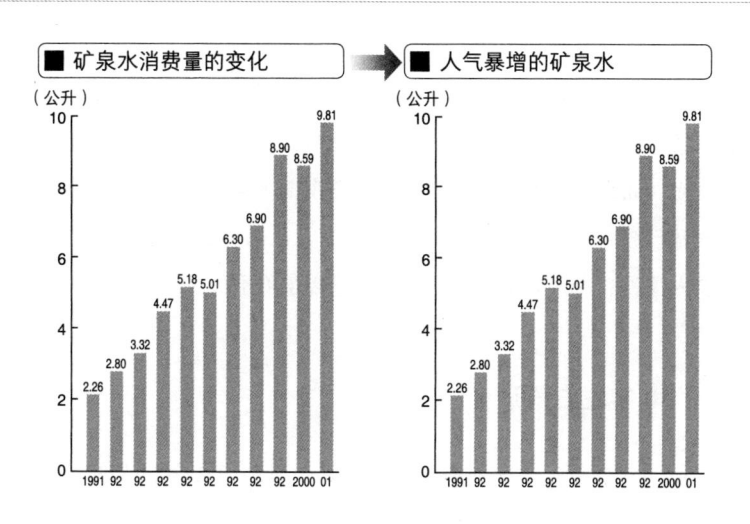

前面说过，所谓"标题"就是看透本质之后撰写的主题。但是，也有另一种标题，下标题的方式有所不同。

那就是能吸引人们目光，具有冲击力的标题。在某些时候，取个能让读者感到惊讶，或是眼前为之一亮，产生诸如"是这样吗""接下来要怎么展开"等兴趣的标题，也是很重要的文案技巧。当然，也请各位注意，不要玩得太过火、写得太过头。只学会"抽出本质"的标题命名法是不够的，让我们练习一下能让人留下深刻印象的标题命名法吧（案例详见第 11 课）。

比方说，以"21 世纪的世界将会这样"代替"关于 21 世纪的世界"，会显得更有冲击力；以"因为 IT 而摇身一变的中小企业"取代"中小企业的 IT 活用"，显得更有动感；以"拯救地球的十点提示"代替"为了保护地球环境"，更能引起人们的兴趣。

最平庸的图解标题，就是取为"关于〇〇〇"或"〇〇〇的概况"，这也是我们常在官方资料中看到的标题类型。这种标题也许确实能正确无误地传达内容，不过未免太平淡了，很难吸引人们继续阅读。所以请各位记得，无论是设定关键词还是下标题，让读者看了以后对图解产生兴趣，是非常重要的文案技巧。

我常常为了寻找关键词，或是为了学习别人如何下标题，而跑去逛书店。我现在住在日本仙台市，所以每次前往东京出差时，就常去逛东京车站附近的八重洲 Book Center（图书中心）。在那里，我浏览着各式各样的书名，常常因此得到设定关键词或下标题的灵感，我发现有的书名会吸引人的目光，而有的书名实在很难让人对它产生兴趣，差异相当大。

我建议各位也试试看，到书店去逛逛，从书名或杂志文章的标题中，找出引人注目、令人想要阅读的标题，借以学习下标题的诀窍。

结论 30 字左右最适合

我们偶尔会看到一些图解画得非常好，但是却没有下结论。"看了图不就懂了吗？"身为作者，由于已经一路尝试过错误，到最后终于完成了整张图解，所以很容易有这种想法。但其实一般很少有读者仅通过看图解就能自行导出结论。

或者会有人认为，"只要上台展示时再口头说明就可以了"，这也是我不大建议的做法。一张好的图解，必须尽量做到让看的人只看图就能了解作者想表达的意思。

做展示时补充的部分，仅限于图中写不下的细节。如果连最后的结论都得口头补充，那只能说这份图解是一份瑕疵品。的确，有时候我们会在策略上刻意把结论留在之后叙述，但至少应该在图解中写下结论的重点。

而这个结论，我认为最适合的字数最多是 30 个字。日本的和歌文化中，用五、七、五、七、七共 31 个字，就可以刻画出事物的全貌或人们的心境。我认为，和歌是一种能够磨炼语感的优美文化。

受到和歌文化的影响，我认为 30 字左右的文字，是最适合我们感受的表达形式。30 字左右的结论，应该最能赋予人心情沉稳的感觉。

如果能用更少的文字完成结论，那当然更好。但最多不要超过 30 字。

具有美感的图解，如同一篇中文诗词

在图上面加标题或结论，换个角度看，其实就像是在画一张俳画——在这本书里应该说是"俳图"。

讲到俳画，也许有些读者不大清楚那是什么。简单解释的话，俳画组合了俳句和用轻妙笔触绘成的画，用来表达俳句中的心情。

绘出一张好图解，同时为图解下一个洞察本质的标题，再附上一个精简的结论，这张图解就如同俳画一样，有着极高的价值。

我在指导图解时，为了让逻辑更清楚，通常会建议学生以逻辑思考的方式绘制图解。但是，图解时可以自由发挥，也可以用其他的方式绘图。像画画般绘制图解也可以，像写一首中文诗词般排列词语也没关系。

在为图解设定关键词或下标题时，如果有和歌或中文诗词等方面的素养,应该会有很大帮助。从这个角度来看,拥有中文诗词修养的长辈们,应该能在绘制图解时享受很多乐趣。

相较于一篇冗长的文章,短短的几个词语更容易让人留下印象。因此,好好运用文字的话,应该能画出一张非常具有美感的图解。如果还能让每个句子或每个关键词互相押韵,那更是妙不可言。

所谓的图解,不仅能让人享受图画或图像之乐,也是享受逻辑思考过程的工具,以及享受词语本身乐趣的工具。不擅长画画的人也能绘制图解,逻辑和语言能力强的人更能绘出好图解。以我为例,我其实也不是很会画画的人。

绘制图解时,擅长画画的人发挥美术能力、擅长逻辑思考的人应用逻辑能力、擅长运用语言的人发挥文案能力,每个人发挥自己的特色或擅长的事情就可以了。

第5课　传达与展示图解的秘技

图解时别忘了，要站在读者的观点上

图解，是为了传达给读者而画

图解有助于提升理解力、企划力与传达力，无论哪一种能力，都是职场工作者必须具备的关键能力。所以，我认为一旦学会使用图解，任何商业流程都能顺利进行。

首先，图解为什么有助于理解？如果我们在读一本书或看报纸时，以内容为素材进行图解，借由结构化与立体化的方式理解内容，将有助于掌握内容本质。在制作商业文书时也是一样，不要写成文章，而是改以图解呈现。如此一来，问题的结构在图解的过程中就会浮现，从而使我们能以鸟瞰的方式理解整体。

其次，图解为什么有助于企划？"这个和那个要用什么方式连在一起？"绘制图解时，我们会一边绘制一边如此思考。此时，如果试着进一步思考"那么，把这个和那个联结起来如何？"或"这个空间具有什么含义？"自然而然就能够涌出许多新思维。随着图解思考变得越来越深入，新想法或新方案不断诞生，思绪会变得越来越宽广，这也是在图解的过程中企划新事物。此外，也会有另一种情况——随着我们仔细思考整体架构，解决问题的方案也能自然浮现。

图解可以为我们的思考加上辅助线，所以对企划也有很大帮助。

最后，图解为什么有助于传达？将图解作为传达工具，让其他人了解或认同我们的看法，其效果出乎我们的意料。之前也跟各位提到了，图解也是促进沟通的工具。图解能引发讨论与沟通，使参与讨论者更容易达成共识。从这个角度来看，图解是非常重要的传达工具。

不过，用于传达的图解与用于理解或企划的图解略有不同。在本课中，为了提高各位的传达力，我将介绍一些有用的图解技巧。

图解的表达方式随着传达对象而异

以传达为目的的图解，与以理解或企划为目的的图解，差异之处在于前者必须意识到"究竟谁是这张图的传达对象"，如果只是为了自己理解或企划之用，完全可以随自己的意愿进行图解。

但是，当意识到谁是图解的传达对象，就必须在表达方式上下功夫。首先，重要的是思考这张图解是给谁看的。

手边的图解准备呈给上司，还是给客户看？答案不同，图解的表达类型必定有所不同。

准备给客户看的图解，需要下的功夫包括：将客户放在图解的正中央位置、使用的词语必须较为正式、选择较具冲击力的标题……而且，客户指的是大量采购的企业客户还是少量购买的个人消费者？传达对象不同，图解方式也会随之不同。如果是给一般消费者看的图解，有时候放一些插图进去，目标对象可能更容易理解。

况且，即使同样是个人消费者，不同国家消费者的消费特性也会有所差异。发达国家的消费者与发展中国家的消费者，关心或认同的重点也会有所不同，要求的重点会随着对象而改变，因此图解的表达方式也会跟着改变。除此之外，还会随着性别、年龄等目标对象的属性不同而产生变化。

比方说，即使对象跟自己是同一个国籍，对于曾经长期旅居英国的传达对象，如果能够用"在英国，……"的方式对他说明，应该比较容易让对方理解。曾经旅居英国的人，脑中已建立起一张"英国地图"（我们暂且用"地图"来形容），所以以合乎这份地图的方式进行说明，更容易传达信息。我们每个人脑中都有一张属于自己的"兴趣地图"，或是自己过去的"经验地图"。所以，配合每位读者的"地图"绘制图解，能够提升图解的传达力。

当然，无论是理解力、企划力或是传达力，基本的图解都是共通的。开始时，可以不用太在意如何传达给目标对象。呈现基本架构，让图解有足够深度才更重要。当架构稳固之后,再思考信息的传达对象是谁,并进行一些促进传达的细节调整,这个顺序才是正确的。

善用圆圈和箭头的形状与颜色

在第 2 课中曾经提到,基本上图解有圆圈和箭头就已足够。但是,在这一节,针对"让图解更加浅显易懂"的表达方法,我将为各位介绍使用圆圈和箭头的技巧。

首先,我们从圆圈开始(图 5-1)。虽然我们简单地把"框"统称为"圆圈",但其实其中有圆形,也有椭圆形。使用上并没有什么特别的判断基准,原则上依照放入圆圈中文字量的多寡,决定使用圆圈还是椭圆。

想要强调圆圈时,可以将圆圈的框线加粗或加入底纹、底色、阴影等样式,让圆圈看起来较为立体。如果是假设,也可以将框线从实线改为虚线。

依据内容的不同,不只是用圆圈,有些时候用方框会更好。相较于圆

图 5-1 各种形态的圆圈

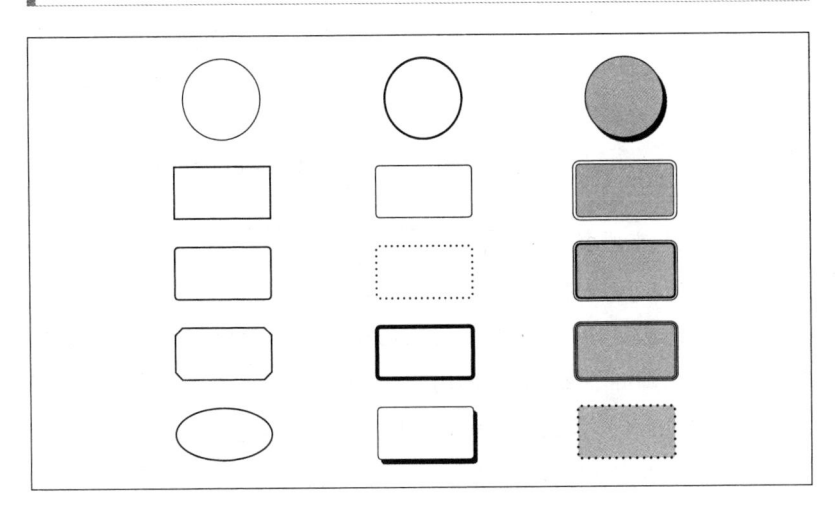

圈，方框更能给人一种安定感。另外，要表达组织的金字塔形结构时，用三角形会很容易让人理解。把要特别强调的信息放在锯齿状的星形框里也是一种图解技巧。另外，想要有效凸显结论时，可以试试使用对话框（案例详见第 11 课）。

不过，要注意的是，表达对比概念时，要素的外框形状应该统一，否则很容易造成读者的混乱。如果其中一方用的是圆形，其他也要使用圆形；如果其中一方用的是方形，其他也要跟着使用方形。

接下来，我们来看看箭头（图 5-2）。要强调箭头时，我们常用的方式是加大箭头的线条宽度。在使用箭头时，各位可以依据不同的内容，把细箭头和粗箭头都试着用一下。另外，改变箭头的样式、为箭头加上底纹或颜色等方法也都可以使用。如果要表达假设，也可以把箭头的线条用虚线表示。

┃图 5-2　各种形态的箭头

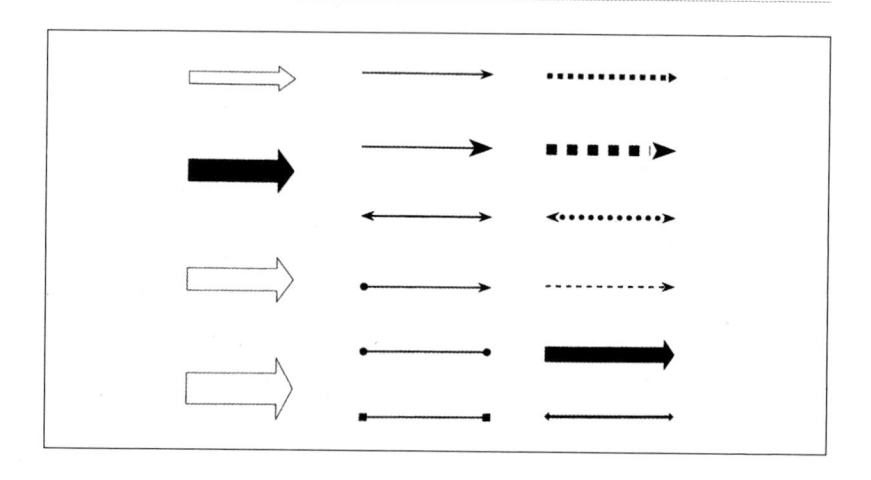

不过，箭头这种符号，很多时候是画的人自己知道它表达的意思，但是看图的人却弄不懂绘图者的用意。所以，视情况在箭头旁加上"所以""但是""由于"等说明词语避免读者误解，效果会相当不错。对初学者来说，为了更清楚地表达"关系"，可以在箭头里或箭头旁附上这类说明（案例详见图 16-1）。

明确标出顺序

不知道大家有没有看过那种不知从何看起或顺序不清不楚，让人实在看不下去的图解。

其实，如果图解能做到让人无论从哪里都能开始看，不强求一定要从哪里读起，就是最好的情形，而且这也是增加读者参与感的技巧之一。但是，有的图解因为画得实在太乱或信息量太多，让人不知从何读起，甚至根本提不起劲读它。如此一来，图解就失去意义了。

若是框架原本就很复杂，为了让阅读顺序明确，请记得加上辅助编号。只要加上①②③等编号，阅读就会变得容易（案例详见第 11 课）。

此外，我们在阅读横向文字时，通常习惯由左往右、从上到下阅读。绘制图解时要意识到这一点，在表达由过去到未来的时序或因果关系时，尽可能按由左往右的顺序进行。

由于人类的双眼属于横向排列，追踪左右移动的物体相对容易。如果要追踪上下移动的物体，就得连头部都跟着上下运动了。所以，为了减轻读者的负担，绘图时尽可能把纸张横向摆放，并让顺序以横向进行，较为符合人体工学。

只有当横向图解在纸上实在写不下时，才能把纸张竖向摆放使用。本书中，也只有第 16 课的图 16-3 是采用竖式绘制的图解。最后再提醒大家，纵向图解的顺序应该是从上到下，千万别画成由下到上。

如果绘制图解时能够遵守"由左往右、从上到下"的顺序，图解的整体架构就会变得非常清楚易懂。

此外，有些读者对于图解里面的文字究竟应该竖写还是横写感到非常烦恼。虽然这个问题很琐碎，但我建议大家，由于图解也常用到数字或英文等半角字符，因此横写比较恰当。

数字和图表赋予图解生命

图或文章有个很大的优点,是能让看的人自由诠释、驰骋想象,但是因此也有个坏处,就是不够严谨。

所以,为了增加说服力,在图解中放入数字是个不错的技巧。放进一些具体数字,便能让这张图解在读者眼中的可信度大为提高。尤其是用于商业领域的图解,很多时候放入数字可以得到很好的效果。

不过,放进太精细的数字,有时候反而可能造成副作用,所以使用概数就可以了。比方说,与其详列到小数点后两位,写成"能增加营收3.17亿日元",不如改为"能增加营收3亿多日元",这样更容易在读者的脑海里留下印象。

运用图表也是赋予图解生命的另一个方法。把数据用图表的形式表达,能让人一眼就掌握其内容。尤其是表达比例、比较、变化或趋势时,善用图表可获得极大的效果。图表的种类有很多,比如饼状图、柱形图、折线图、雷达图等,大家可以从中选择最适合的图表使用。

不过,如果不想表达比例或变化,只是单纯传达数值的话,与其使用图表,直接列出数据的效果会更好。

在图解里使用插图的技巧

在绘制图解时,有些人一开始就用插图或剪贴画代替文字。然而,我希望各位尽可能避免这种方法。

为什么呢?因为人很容易被插图中的意象牵着走,变得无法深入思考。如果一开始就使用插图,常常会导致整体的逻辑失焦。

我建议各位在搭建框架、建构细节的阶段避免使用插图。等到整体架构都完成之后,再依图解的制作目的点缀一些插图。

插图的优点是容易传达意象,但是换个角度来看,也很容易导致读者产生先入为主的观念。我们应该特别留意这一点。

比方说,我们在图解中插入汽车的插图时,那幅插图里的汽车看起来如何，会让读者产生不同的印象。有可能出现我们是针对所有汽车做的说明，但读者想象的却是高级汽车的情况。插图代表的究竟是高级汽车的意象、普通汽车的意象还是进口汽车的意象，读者通常很难弄清楚。大家千万要小心，别让想表达的意象被插图喧宾夺主，使含义混淆。

请各位记住，插图绝对不是图解的主角，只是在图解进入细节修正、发挥传达力的最后阶段，针对传达对象在表达方法上再多花些工夫修饰的配角（案例详见第7课）。

第2章 Step by Step

实践篇　图解思考，就是深度思考

——分解图解步骤，从修改过程学习图解思考

- 第6课　图解，让你培养独立思考的能力
- 第7课　以脑力激荡完成图解
- 第8课　图解就是"换句话说"
- 第9课　留白，是我故意的
- 第10课　文字、图案与数字的力量
- 第11课　图解有助于思考解决方案
- 第12课　当图解化为思考零件的那一刻
- 第13课　图解，持续进化中

第6课　图解，让你培养独立思考的能力

动手图解之前，你该知道的事情

用图解进行讨论，享受创造知识的乐趣

我对研究生或本科生进行的一项训练，就是请他们在读书或看报后，将内容进行图解。从第7课开始，我将从学生提交的图解中挑出几篇能够让人清楚掌握整个图解发展过程的实例，为各位逐步解说。

以往在我执笔的书里，使用的图解范例主要是已经绘制好的完成图。但是，为了让各位在本书看到图解的过程，我刻意选择了仍有调整空间、完成度不高的图解，让各位实际看看图解的变化过程，相信更有助于大家的理解。

虽然案例中图解完成度并不高，但并不是说这些图解不正确。图解本来就是可以依据自己的理解自由发挥的领域。

如果拿着完成度不高的图解和周围的人讨论，图解就能继续往下发展，思考会愈加深入，框架越整理越清晰，构思也会越来越广。我希望在这堂课中，让大家看到图解背后的过程。

在我的图解教室中，通常以学生绘制的图解为主题，进行一对一的讨论，或是以小组进行集体讨论。我会列出一个题目，让20多个学生分别制作图解，然后大家一起讨论。大部分情况下，就算有20个人，画出的图解也没有一模一样的切入点，所有图解都有每个人的特色。对我来说，这是个很好的学习过程，因为其中会有许多我原本没想到的切入点，能在里面找到许多新鲜的发现。借由讨论的过程，接受能够说服自己的部分，就能发展出水平更高的新图解。

换句话说，图解教室是一个大家共同享受创造知识的乐趣的地方。

图解是你沟通时的好帮手

在第2章实践篇的课堂里，绘制图解的素材均出自理查德·沃尔曼

（Richard Saul Wurman）所写的《信息焦虑》(Information Anxiety）以及《信息焦虑2》(Information Anxiety 2）这两本信息设计领域的名著。

为了准备图解沟通这门新课程，我搜寻过许多资料，但始终找不到深入思考图解进而建构相关理论的人，也找不到实践图解而有所成就的大师级人物。

在学术界，认知心理学领域确实对图形进行了一些研究，但是并无专门钻研图解的学者。那时我刚好有机会拜读理查德·沃尔曼的《信息焦虑》，发现我和他的想法非常接近。沃尔曼是一位建筑师、制图师与平面设计师，不但构想出"信息解读业"如此崭新的商业模式，也针对解读信息和设计信息提供咨询服务。

美国有许多非常专业的领域，而要让门外汉了解这些高度专业的内容，是一件非常困难的事。究竟怎么做才能让外行人"不仅看热闹，也能懂门道"呢？沃尔曼思考的就是这件事。沃尔曼认为，为了让人理解信息，编辑信息是必要的一步。

这与我做的事情非常类似，所以我把沃尔曼的著作当作思考图解沟通的参考。在研究生院开设的"商业沟通论"课程中，我以沃尔曼的著作为教材，出了一道题目给学生练习。我要求学生阅读沃尔曼的书，对其中印象较深刻的部分进行图解，希望一边和学生讨论，一边自行思考。

图解的终极目标是拥有自己的主张

事实上，我并没有要求学生绘制一张忠于原书作者想法的图解，反而要他们在图中加入自己的想法。

在图解书籍内容或报纸新闻时，常会有让人觉得"这里好像有点怪怪的"或"这里没弄懂"的地方。这时，大多数人会认为"权威大师讲得一定不会错"或"看不懂大师的著作，应该是因为我自己能力不足"。也就是说，我们无形之中会被作者的想法牵着鼻子走。

我把这种状态称为"滑翔机式读法"。简单地说，滑翔机之所以能飞上天，是因为有风，风一停，滑翔机就会掉下来。

对我们来说，真正重要的是靠自己的能力飞上天空，也就是独立思考。

作者的想法也会出错，或者作者的想法虽然正确，自己却无法赞同——应该会有人提出比作者更好的想法。因此，阅读一本书时千万不要有作者说什么都对的想法，而要抱持与作者平等对话的心态，甚至站在比作者更高一层的视角，以作者的想法为素材，提出自己的主张。

我认为，阅读的终极目标并非正确理解作者的想法，而是借由作者在书中提出的想法触发思考，进而独立思考，形成自己的主张。

话虽这么说，想要完全不受作者想法的影响，还需要一定程度的技巧。其中之一，就是以旁观者的角度客观分析作者的想法，进而画成一张图解。

我希望各位能够学会图解的技巧，让自己不受作者想法的影响，以自己的头脑独立思考，进而拥有自我主张。

第 7 课　以脑力激荡完成图解

如何将图解应用在生活与工作中？

▊ 图解与结论要一致

在第 7 课中，我们以《信息焦虑》第 3 章中描述人脑与计算机能力的内容作为图解的主题。

沃尔曼指出："计算机虽然能存储信息、计算和预测，却无法进行思考与想象。所以，到目前为止，计算机的能力还是无法与人类的脑力相提并论。"

学生读完这个段落的短文，着手进行图解之后，提交给我的是 Step 1。

看到这张图，各位会不会有什么疑问？

在 Step 1 中，人脑与计算机的关系被描绘成对立的结构。然而在下方的结论处，写的却是"计算机的能力还是无法与人类的脑力相提并论"。结论想表达的是"人脑的优秀之处多于计算机"，但图解中的人脑与计算机却是同样大小，而且呈对立结构。也就是说，图解和结论互相矛盾。

"计算机和人脑，你认为哪个比较优异？"我这样问学生。"我觉得人脑比计算机优秀。"学生这样回答。"既然如此，绘出来的图，人脑呈现的比重是不是应该比计算机大呢？"我建议道。要表达人脑胜过计算机，在图解上画出来的人脑应该比计算机大才对。

但是，并不是单纯把人脑的圆圈画得比计算机的大就可以了。请各位回想一下我们在第 2 课中提到的"圆圈的结构"。圆圈可以用来表达 6 种关系：包含、邻接、重叠、分离、并列与群立。我们必须从中选出最适合的关系结构，用来表达人脑与计算机的差异。

"人类把一部分的工作外包给计算机处理，所以包含结构应该最适合表达两者关系。"在和学生讨论后，我们达成了上述结论。

此外，在讨论的过程中，构思了两个在原作中没有提到的新词语，用来作为这张图的关键词——"策划"与"作业"。也就是说，我们认为人脑进行的是"策划"的工作,并把其中一部分的"作业"外包给计算机处理。能够像这样想出新的关键词,也就证明自己的思考更深入了。

Step 1

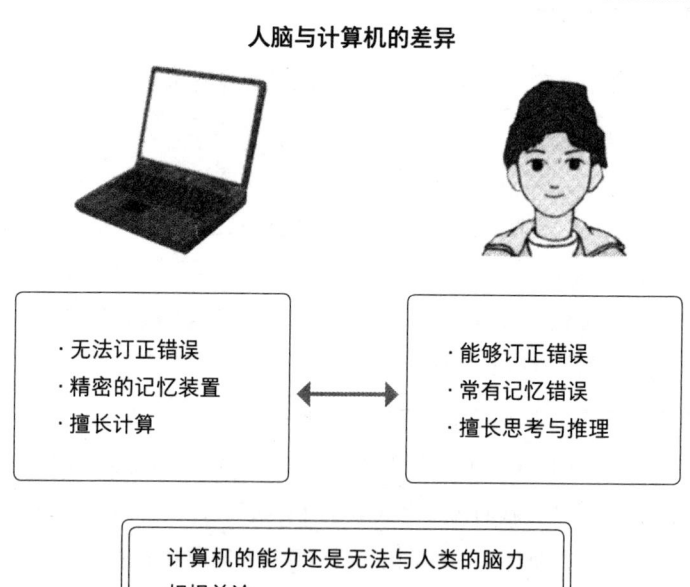

人脑与计算机的差异

- · 无法订正错误
- · 精密的记忆装置
- · 擅长计算

↔

- · 能够订正错误
- · 常有记忆错误
- · 擅长思考与推理

计算机的能力还是无法与人类的脑力相提并论

作者讲评

人脑与计算机的差异

变成了条目式写法 →

- · 无法订正错误
- · 精密的记忆装置
- · 擅长计算

↔

- · 能够订正错误
- · 常有记忆错误
- · 擅长思考与推理

真的是对立关系吗?

图与结论互相矛盾 →

计算机的能力还是无法与人类的脑力相提并论

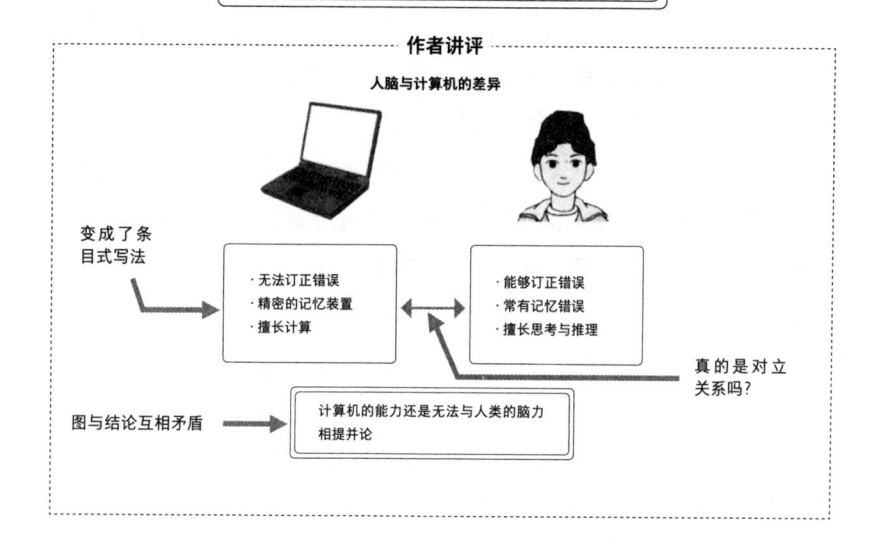

抽出书中关键词

在我们决定了整体架构应为包含关系后，接下来要检视一些细节。

在 Step 1 中，分别以条目式写法列出了计算机与人脑的 3 项特征。计算机无法订正错误、是精密的记忆装置、擅长计算，人脑能够订正错误、常有记忆错误、擅长思考与推理。这些表述都选自原作。我们已经在第 1 课提醒过，图解的基本原则就是避免条目式写法。所以我建议学生重新思考这个部分。

经过上述一连串的讨论之后，学生重新修正并绘制了 Step 2，图的整体架构被修正为包含关系，相较于 Step 1 是一大进步。"人脑的能力较优异""人脑的能力较为全面"等主张，也通过图解表达得非常好。

然而，在细节部分仍可发现很多改善空间。比方说，写在圆圈中的"擅长思考与推理，有时会出错的有机体""擅长计算的精密记忆装置"这两句话，放在图解中显得文字既多又长。

为什么在修正以后，反而出现了两段冗长的文字呢？我想，恐怕是我在 Step 1 的讨论过程中，指导学生不要用条目式写法的缘故。学生老老实实地接受了我的建议，修正原来的图解，把条目式写法改成了连在一起的一整串文字。

应该怪我自己没讲清楚，实际上我真正想强调的是："厘清并且图解各个项目之间的关系，而不是使用条目式写法交差了事。"

话虽这么说，要把条目式的文章画成图解，其实格外困难。尤其在本例中难度更高。因为学生列出的 3 个要点并非来自自己的思考，而是在思考还未深入的阶段，从书中抽出直接使用的。所以，我还是大概说明一下具体做法。

将条目式文章做成图解的诀窍在于删除旁枝末节，提取关键词。大胆删除多余的部分，就能画出一张容易理解的简洁图解。以本例来说，在人脑方面，我们只需要抽出"思考"和"推理"两个关键词；在计算机方面，只要抽出"计算"和"记忆"就可以了。

Step 2

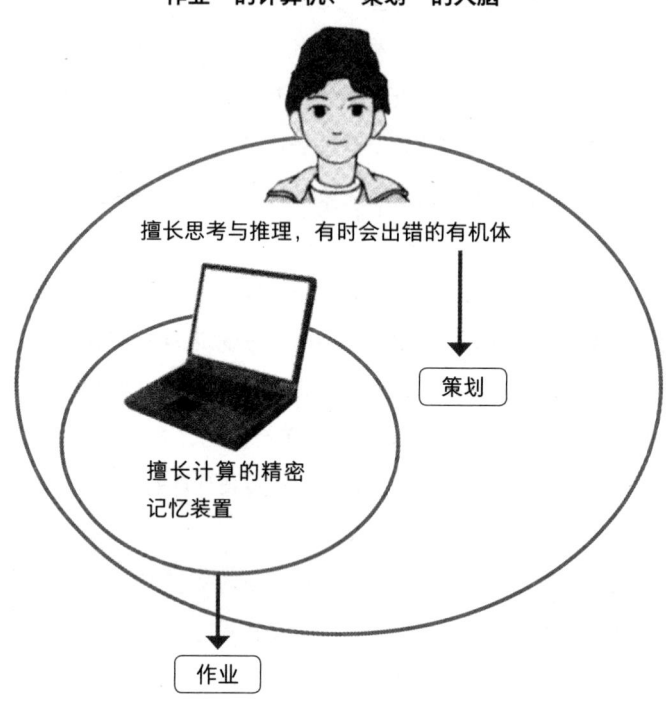

"作业"的计算机、"策划"的人脑

擅长思考与推理,有时会出错的有机体

→ 策划

擅长计算的精密记忆装置

作业

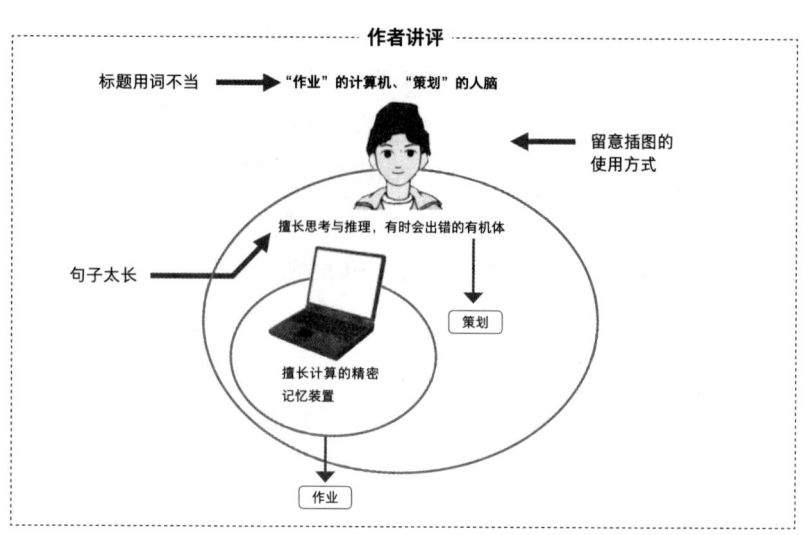

作者讲评

标题用词不当 → "作业"的计算机、"策划"的人脑

← 留意插图的使用方式

句子太长 → 擅长思考与推理,有时会出错的有机体

策划

擅长计算的精密记忆装置

作业

图解的初学者常犯的一个毛病，就是想在一张图里塞进所有要素，导致在框架设计上走进死胡同，又或是绘出一张错综复杂的图。所以，请各位在刚开始练习图解时，将绘制重点放在画出一张自己能够理解的简单图解，而不是做出一张正确又详细的图解。为了达到这个目的，请放心大胆地将旁枝末节全部删除吧！

插图容易导致概念混淆

接下来，我想针对 Step 2 的表达方式提出两点建议。

首先，是使用插图（剪贴画）的方式。请问各位看了这张图解的插图之后，会立刻联想到它指的是人脑吗？这张美工图案画的是一位男性，所以代表的可能是人脑，也可能是男人的大脑。如果有人将这张图解读为男性是擅长思考与推理、有时也会出错的有机体，我们也不能说解读有错。

也就是说，**插图（剪贴画）往往带有一种混淆概念的危险**。在此我必须强调，我们之所以绘制图解，是为了让逻辑更清晰，所以不该轻易使用插图。以这个练习来说，应该直接用"人脑"与"计算机"代替插图。

无论如何都想放入插图的话，应该在逻辑已经非常明确、完成所有图解的架构之后，以提高传达力的方式，在最后点缀般地放进图解。

说起来，做展示用的软件原本是以美国设计的程序包为主流，所以软件内附的剪贴画也以外国人或外国景物的图案居多。相信也有不少人觉得幻灯片中的剪贴画有点格格不入吧？如果把这些剪贴画用在图解中，可能会因为插图的意象不明导致读者对图解的逻辑产生误解。

所以我认为在绘制有逻辑的图解时，尽可能不要使用剪贴画。

第二点建议，则是关于"'作业'的计算机、'策划'的人脑"这句标题。既然这张图解的重点是"人脑才是主角"，那么标题最好是"人脑'策划'、计算机'作业'""人脑是用来'策划'的，并把'作业'外包给计算机"，才能明确地传达这张图解的核心论点。原本的标题只不过是单纯的对比，看不出哪边比较重要。所以为图解下标题时，也需要下一番功夫才行。

克服"好像还没有完成"的不安

经过修正之后的图解是 Step 3。在这张图中，我们只绘出了最重要的架构，所以看起来很简洁。学生也因为画了这张图，使得想法可以好好整理。

当然，针对 Step 3 还有几个地方可以继续检讨。比方说，"策划"这句话位于圆圈的内侧，"作业"这句话却位于圆圈的外侧。把"作业"放在圆圈外侧，究竟是否适当？还有，"思考"与"推理"究竟有什么不同？或许"推理"其实应该包含在"思考"里面？

不过，如果要像这样继续讨论细节的话，就会没完没了。所以，我们就当作图解已经在这个阶段正式完成。在第 1 课中也提到过，图解没有最终答案，而是有无穷无尽的发展可能。所以纵然有些许的不安，也得在适当时候让图解告一个段落。克服"好像还没有完成"的担忧，毅然决然收尾结束也是一件必要的事情。

这张图修正到 Step 3 之后，已经达到及格标准。

图解思考比图解表达更有趣

图解已经完成，但如果思考停止于目前这个阶段，那么充其量只是增进了图解的表达技巧，并没有体会到图解真正有趣之处。

说起来，当我们在职场上运用图解时，只把现况图解完毕就结束，是无法被人接受的。要能够以该图解分析现况，对"接下来究竟该怎么做""哪种解决方案最合适"等问题提出方案，图解才真正开始具有意义。也就是说，图解的真正价值在于从图中可以解读出什么、构思什么。

图解表达得好或不好，只不过是第一阶段的"热身赛"。真正的"擂台赛"是制作企划案或提出解决问题的方法。我希望各位学会图解，并不是为了制图，而是透过图解的过程，进一步磨炼企划力与构思力，也就是所谓的"图解思考"。**建议大家把图解的重点放在从这张图可以思考什么事情，进而让工作更成功**，而不是竭尽全力想把图解表达得更完美。

Step 3

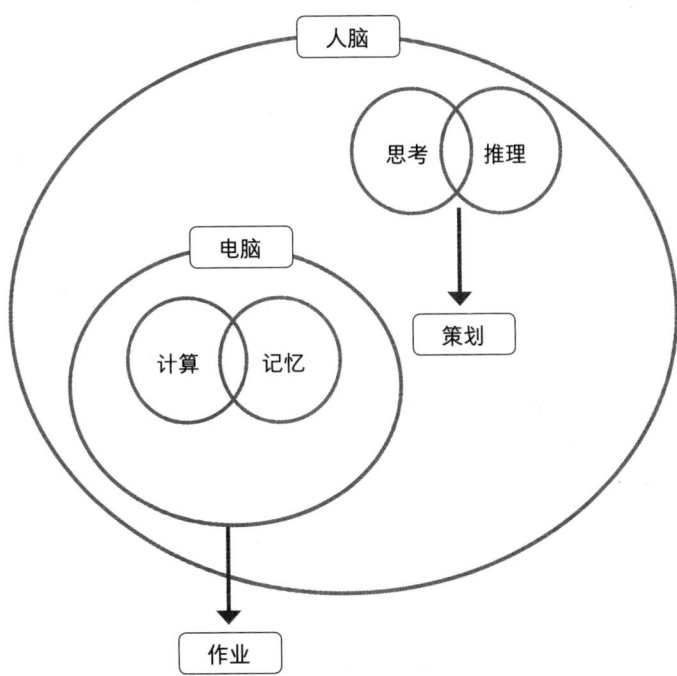

人脑是用来"策划"的,并把"作业"外包给计算机

```
         ┌──────┐
         │ 人脑 │
        ╱└──────┘╲
       ╱          ╲
      │   ┌────┬────┐
      │   │思考│推理│
      │   └────┴────┘
      │        │
      │   ┌──────┐    ▼
      │   │ 电脑 │  ┌────┐
      │  ╱└──────┘╲ │策划│
      │ │ ┌──┬──┐ │ └────┘
      │ │ │计│记│ │
      │ │ │算│忆│ │
      │ │ └──┴──┘ │
      │  ╲       ╱
       ╲          ╱
        ╲_____╱
            │
            ▼
         ┌────┐
         │作业│
         └────┘
```

作者讲评

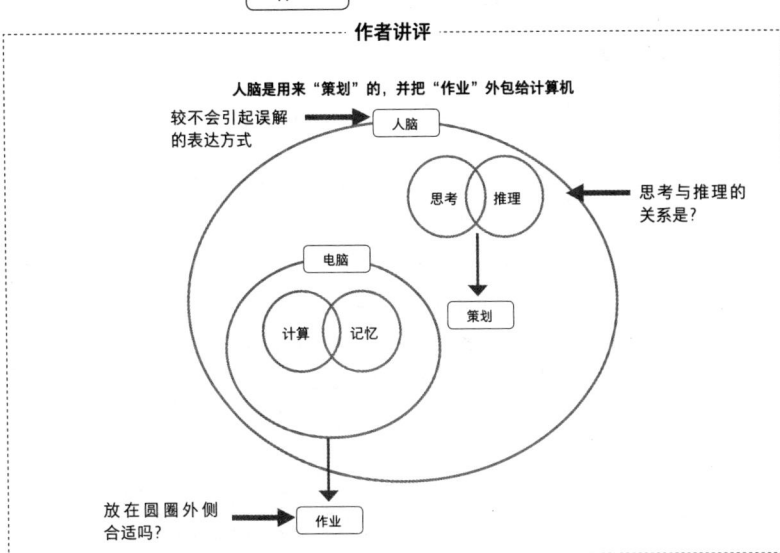

人脑是用来"策划"的,并把"作业"外包给计算机

- 较不会引起误解的表达方式 → 人脑
- 思考与推理的关系是? → 思考 推理
- 放在圆圈外侧合适吗? → 作业

接下来，我将为各位具体说明应该如何进一步思考。

请各位再看一下 Step 3，想想看这张图能否运用在企业策略或人力资源策略上面。

假设人脑与计算机的关系真如 Step 3 所示，那么什么是人类独具的能力？至少不是"计算"与"记忆"，因为这是计算机也有的功能。只有人脑才有的能力，可以说是"思考"与"推理"。

如此一来，那些只擅长计算或记忆的人，未来可能会被计算机取代。而我们也可以推测，拥有思考力与推理力的人可能比较容易在职场上继续生存。

身为上班族必须不断锻炼的能力，与其说是计算力或记忆力，不如说是思考力与推理力。换句话说，拥有常常思考的习惯的人，比较不容易被淘汰。

那么，你属于哪种能力比较强的人呢？是像图 7-1 左边一般擅长"计算"或"记忆"的人，还是像右边一般擅长"思考"或"推理"的人？我建议大家暂时放下这本书仔细思考一下。

像这样将图解与自己的现况对照并且进一步思考，就能看见许多事情。Step 3 针对提升商务人士工作技巧的策略提供了相当重要的启发。

图 7-1　以图解提升能力

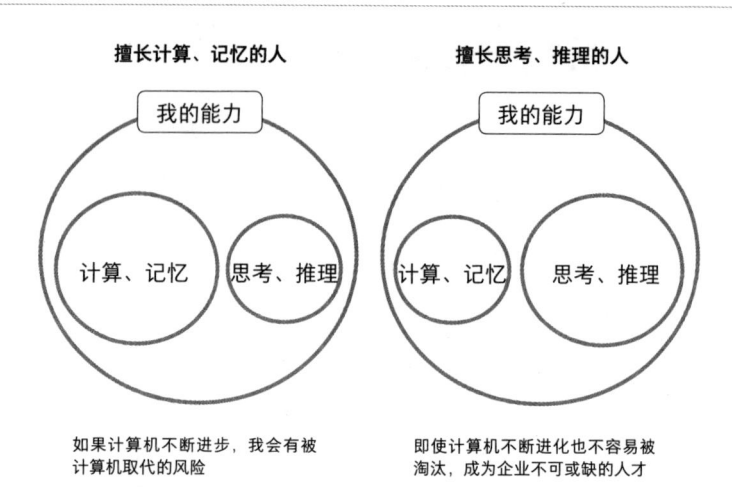

图解能激发意想不到的观点

那么,从企业的立场来思考又是如何?什么样的员工、职能应该被留在公司?以人力资源策略来看,应该把擅长只有人脑才做得到的事,也就是擅长"思考"与"推理"的员工留在公司。

不是必须用人脑来处理的事,交由计算机处理会更有效率。或者是不大需要用到思考或推理的部门,即使把该部分业务委外也没有关系。

请各位回头看看 Step 3 那张图。"作业"这个关键词安置在大圆之外的箭头上面,位于圆圈的外侧。这是不是让人觉得在表示"委外处理"呢?

绘制这张图的学生似乎不是意识到"委外处理"而把图画成这样的。但我却从 Step 3 联想到委外处理(详见图 7-2)。也就是说,不需要思考或推理的工作可以委外。

图 7-2　用图解思考企业的经营策略

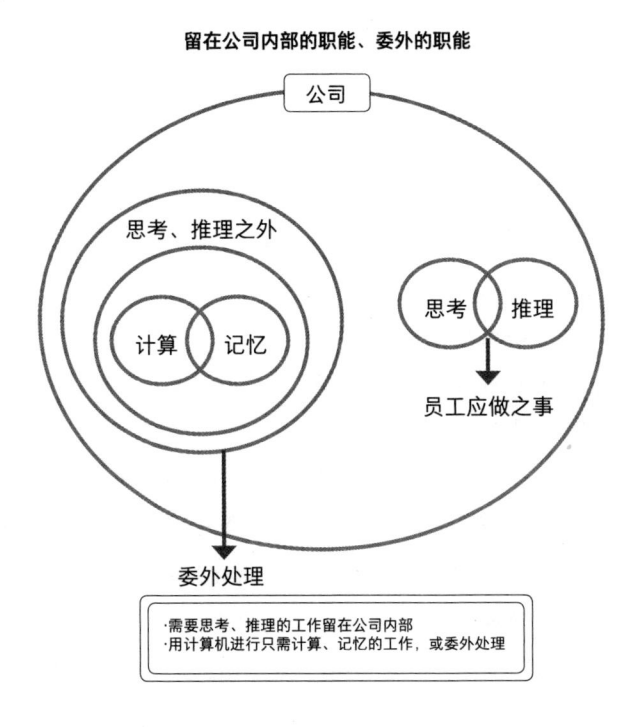

留在公司内部的职能、委外的职能

- 需要思考、推理的工作留在公司内部
- 用计算机进行只需计算、记忆的工作,或委外处理

进行图解作业的过程中，可能产生意想不到的观点。仔细思考偶然画出的图解后，或许会发现其中隐含着重要意义，而这也是图解的乐趣之一。

所以在绘制图解时，即使失败也别急着把它丢掉。据闻 2002 年获得诺贝尔化学奖的田中耕一，也是因为误将错误的溶液拿来做实验，反而发现了分析蛋白质的新方法。图解也是一样，说不定在画错的失败作品里蕴含着非常有意思的本质。

从图解看出时代变迁

Step 3 中，位于"计算机"这一圆圈里的"计算"和"记忆"是以同样大小表示的。我们稍微思考一下，"计算"与"记忆"究竟是否应为同样的比重？

在过去，计算机被称为"电子计算器"，由此我们可以推测"计算"功能的比重较大。在那个时代，计算机是用于学术或科学计算的设备。但是，在个人计算机与网络大幅进步后的现在又是如何？

我认为，如今数据库功能即"记忆"功能的比重变大了。

大多数人在使用计算机时，主要是用来连接互联网。而互联网的本质相当于一个全球规模的巨大数据库，在众多网站服务器里储存着数量庞大的信息。所以我们可以这么说——现代人之所以使用计算机，主要是因为其数据库功能，也就是记忆功能。

当然，计算机在连接网络时，内部不免要进行一些计算。但是对我们来说，计算并不是目的。

如果把这些思考的结果反映在图解中，过去计算机里面"计算"的圆圈大于"记忆"，而现在则是"记忆"的圆圈大于"计算"。我们只是把思考聚焦于原本那张图的其中一部分，就使得计算机运用方式的时代变化都浮现在图解中。这样一来，我们就能够从图解中看出时代的变迁。

最后，再请大家思考一件事情。应该还有人记得这则新闻——1997

年 5 月，IBM 的超级计算机"深蓝"（Deep Blue）击败了国际象棋大师卡斯帕罗夫。

我们要如何看待这件事呢？或许在国际象棋的世界里，已经变成"计算机包含人脑"的结构。此后，之前画的图解都得重新绘制。

到 1997 年为止，我们还不需要思考那样的可能性。但现在就算有人画出那样的图解，我们也不能说那张图错了，因为图解会随着时代的变迁而改变。

▼ **这样图解就对了！**

- 在比较两件事物时，不要只做对比，要仔细推敲两者间的关系。
- 要图解条目式写法的资料时，删除全部的旁枝末节，抽出关键词即可。
- 不要轻易在图解中使用插图。非用不可的话，也要在完成图解后再加上去。
- 比起提高图解的完成度，不如好好思考完成后的图解。

第 8 课　图解就是"换句话说"

如何完成一张图解？

换句话说——将素材翻译成自己的语言

第 8 课中的案例，以《信息焦虑》一书第 7 章的部分内容作为素材。这部分描述了智力测验与人的各种能力之间的关系，我们以其作为图解对象。

简单总结一下沃尔曼在这段内容中的描述：我们向来都以智力测验衡量一个人的能力。但是，就算智力测验能够预测这个人的考试成绩，也无法预测这个人在工作或人生中的表现。（中略）本质上，能让自己的人生过得顺利这一才干，和学校的智力测验几乎没有关联。

Step 1 把出现在书中的文字原封不动地拿来作为图解的关键词使用，在整体框架方面没有什么错误。

然而，"才干"以及智力测验中的"处理能力"未免都太过宽泛，让人抓不住具体意象。

"换个更浅显易懂的词如何？"跟画出这张图的学生讨论时，我第一个指出来的问题就是这个。**不要把原文中的词原封不动拿来使用，要把它转换成自己也容易理解的语言。**如此一来，才能更清楚地看到问题的本质。

所谓图解，就是把对方的世界转换成自己世界的一道手续。在别人的势力范围里打仗，肯定会吃败仗，所以要把对方从他的地盘拉到自己的地盘。不被对方的思考迷惑，用自己的头脑思考才是图解的基本。

首先我们可以想想，左侧"学校成绩"里的内容能不能用简单一点的词语表达？和学生讨论后，我们认为学校成绩应该可以包含读、写、计算；另外，由于最近常说"思考"的教育是很重要的，所以我们纳入了"思考"。

"智力测验"底下的"处理能力"这个词也让人看不大懂。沃尔曼的

第 2 章　实践篇　图解思考，就是深度思考 / 053

Step 1

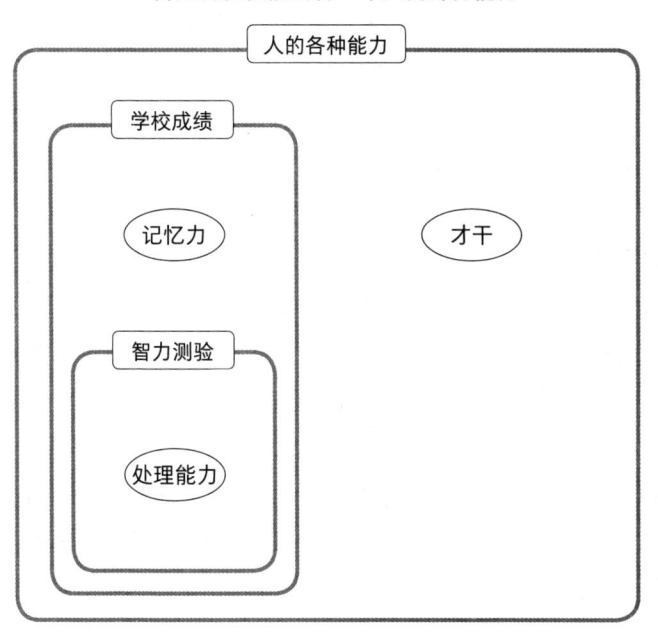

智力测验仅能测得一个人的部分能力

```
人的各种能力
  ┌─ 学校成绩 ─────────┐
  │  记忆力              │
  │                      │     才干
  │  ┌─ 智力测验 ──┐   │
  │  │  处理能力    │   │
  │  └──────────────┘   │
  └─────────────────────┘
```

作者讲评

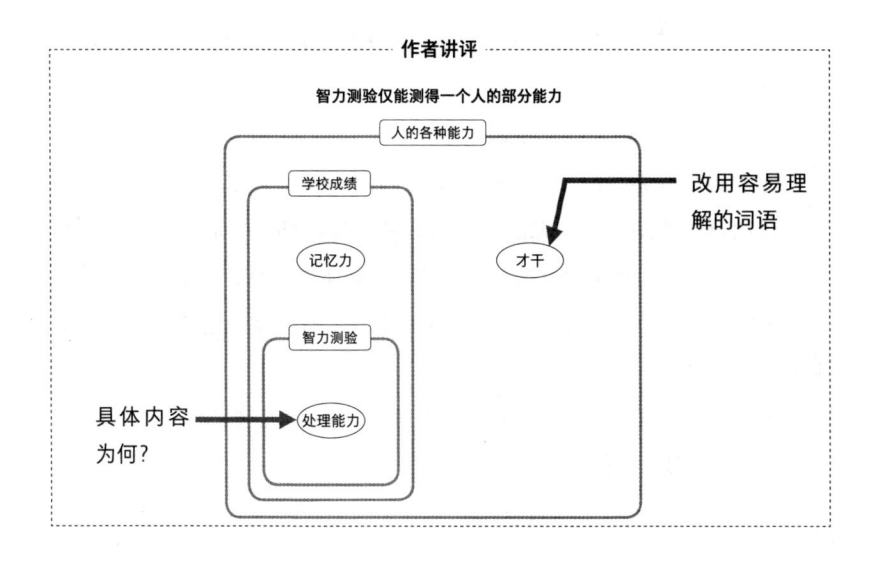

智力测验仅能测得一个人的部分能力

人的各种能力
- 学校成绩
  - 记忆力
  - 智力测验
    - 处理能力 ← 具体内容为何？
- 才干 → 改用容易理解的词语

原文中对智力测验是这样描述的：智力测验能够测出一个人在词语、逻辑、推理与算术方面的处理能力。因此，我们把智力测验底下的内容换成词语、逻辑、推理、算术。虽然不见得多么简单易懂，但这样比较具体。

另一方面，位于图右侧的"才干"也是不容易理解的词语。我们认为这个词指在学校没有教，但是能让人生更顺利的重要能力。具体列举即为沟通力、执行力、企划力与创造力。

以这些讨论为基础进行修正后，得出了 Step 2 的图解。然而，Step 2 虽然修改了所有的讨论内容，但概念还不够明朗。

智力测验框里的词语与算术和位于其上的读、写、计算其实是重复的概念。另外，在智力测验测度的能力中，其实也包含"思考"的能力。总而言之，图解左侧的内容让人觉得难以表达出关联性。

而右侧字段的"才干"其实可能也包括学校成绩在内的所有能力。

再者，我们对右栏和左栏的关系，也就是"才干"与"学校成绩"的关系存有疑问。沃尔曼在书中说这两者彼此没有关系，但实际上也许存在对立关系或相互影响的双向关系。

令人遗憾的是，越想让各个概念更为明确，就会让人越陷越深。从这个例子来看，无论是我还是学生，即使经过讨论，仍无法让概念变得更明朗。

所以，最后我们只好放弃 Step 1 的图解，换一个方式继续讨论。

这个例子告诉我们，如果绘制出来的图解复杂到超出自己的理解能力，或用自己的知识能力无法解读时，直接修改图解反而容易走进死胡同。所以，万一遇到这种情况，建议各位还是干脆一点，重新再画一张图解。把所有文字转换成自己能充分理解的词语，图解到自己能充分理解的水平之后，再重新思考看看。

无论再怎么苦思，对于不懂的事物还是不会懂的。绘出一张超出自己理解能力的图没有任何意义。

Step 2

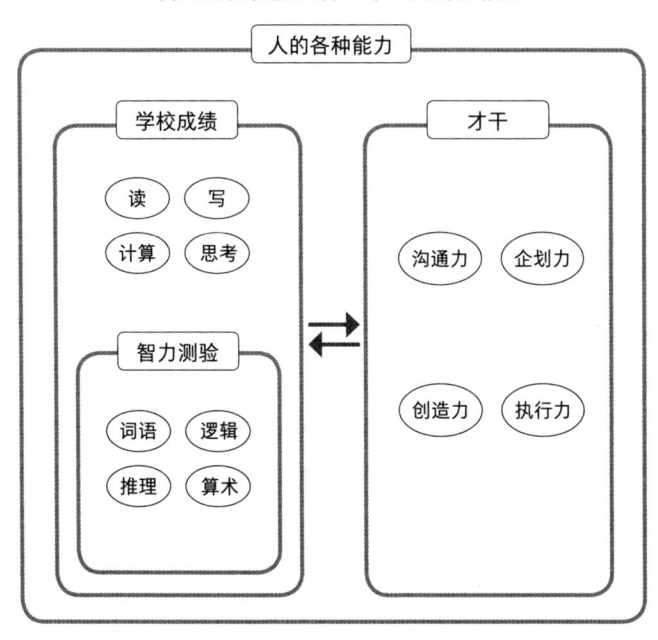

智力测验仅能测得一个人的部分能力

```
人的各种能力
├─ 学校成绩
│   ├─ 读  写
│   ├─ 计算  思考
│   └─ 智力测验
│       ├─ 词语  逻辑
│       └─ 推理  算术
└─ 才干
    ├─ 沟通力  企划力
    └─ 创造力  执行力
```

⇄

作者讲评

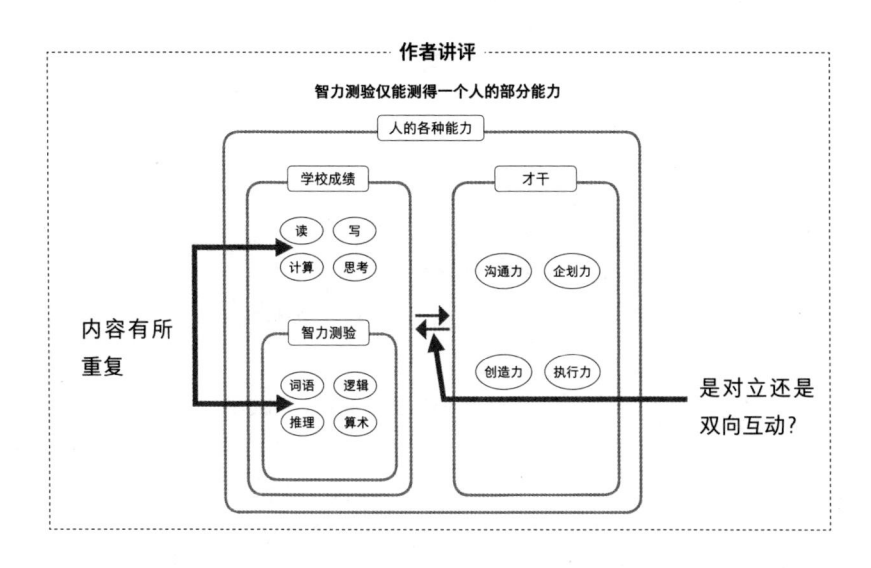

智力测验仅能测得一个人的部分能力

人的各种能力
- 学校成绩
  - 读 写
  - 计算 思考
  - 智力测验
    - 词语 逻辑
    - 推理 算术
- 才干
  - 沟通力 企划力
  - 创造力 执行力

内容有所重复 ←→

是对立还是双向互动？

无法理解图解时，干脆从头再画一次

重新绘制这张图时，我们首先要做的是找出自己一看就懂的简单词语。我想到以对比 IQ 和 EQ 进行图解。

相信大家都已经知道，IQ（Intelligence Quotient）指的是智力商数，EQ（Emotional Intelligence）指的是情绪商数。EQ 表示一个人理解他人情绪、与他人情绪产生共鸣、体贴、沟通的能力。这个词最早在丹尼尔·戈尔曼（Daniel Goleman）与他人合著的《情商 4：决定你人生高度的领导情商》（*Primal Leadership*）一书中提出，并一时成为话题。

如果把人的能力简化为 IQ 和 EQ，似乎比较容易理解。所以我们用 IQ 和 EQ 做了一个简单的图（图 8-1）。

我们还绘制了图 8-2，将"学校教育"的内容简单化，用读、写、算与思考进行对比。为什么分成两个图？因为我们觉得，把原本的概念拆成这两个非常简化的图解之后，有助于理解原主题"人的各种能力"。分解一个概念，并将它简化到这个程度，就能将图解拉近到自己的理解范围之内。

图 8-1 用 IQ 与 EQ 思考人的能力

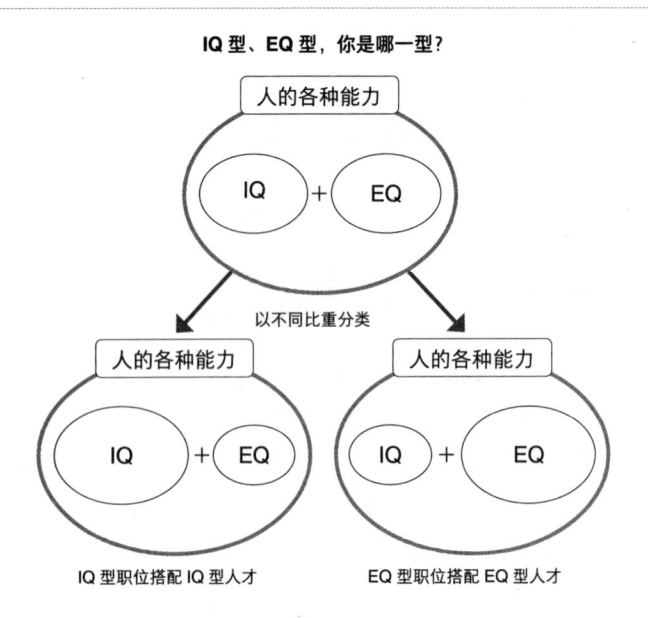

IQ 型、EQ 型，你是哪一型？

人的各种能力
IQ + EQ

以不同比重分类

人的各种能力
IQ + EQ
IQ 型职位搭配 IQ 型人才

人的各种能力
IQ + EQ
EQ 型职位搭配 EQ 型人才

图 8-2 用图解思考"学力论战"

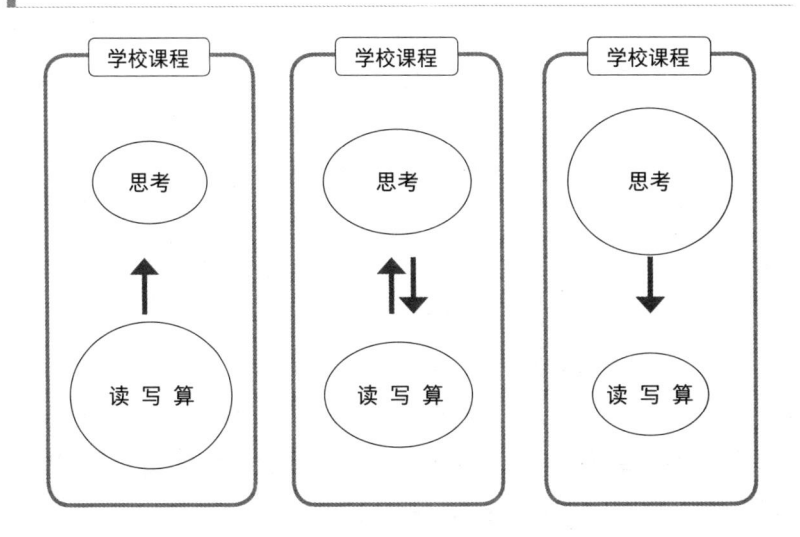

```
┌─学校课程─┐    ┌─学校课程─┐    ┌─学校课程─┐
│   思考   │    │   思考   │    │   思考   │
│    ↑    │    │    ↕    │    │    ↓    │
│  读写算  │    │  读写算  │    │  读写算  │
└─────────┘    └─────────┘    └─────────┘
```

事实上,只要绘出这两张图,图解就已经合格了。我们并未完全忠实地反映沃尔曼的论点,因为其文章只是基本素材。与其绘出一张忠实反映沃尔曼原话的图,不如绘出一张能作为自己深入思考的基础的图,这更有价值。

相信也有读者无法置信,想不到两张如此简单的图解竟然称得上及格。但是,看起来既复杂又庞大的图解不见得是一张好图解。简单易懂,包含许多重要意义的图才是好图解。

这两张图充满众多含义,我在接下来的部分将为各位说明。

试着改变大小和配置,有助于深度思考

与第 7 课相同,接下来我们要用这两张图思考各种事情。

在这里,我先和大家分享一个图解思考的诀窍。用图解进行思考时,最简单的方法是**改变图解里各个要素的大小或配置,思考那代表什么意思**。

事实上,在第 7 课中我们看到的图 7-1 只不过是微调过圆圈大小的图

解。这么简单的一个调整却让它具备了深刻含义。

在这里，我们也用同样的方式进行思考。图 8-1 中，上部分是把 IQ 和 EQ 单纯并列对比的基本型，IQ 与 EQ 的大小一致。下部分分别有两个变化型，左边加大了 IQ 比重，右边加大了 EQ 比重。

请思考看看，这些图分别代表什么含义？

站在教育的角度来看，左下方的图由于 IQ 比重较大，所以可以想象其代表的是"重视知识教育派"。右下方的图由于 EQ 的比重较大，所以可以说它代表的是"重视心灵教育派"。

日本主管教育的文部科学省所说的"生存力"，以这张图来思考的话，是 IQ 加上 EQ。日本过去的学校教育一直如左下方的图一样，以 IQ 教育为核心；但是文部科学省改变方针，认为今后也应该重视 EQ 教育，因此开设了像"综合学习时间"这样的科目。

在学校推行社团活动或志愿者活动时，也能用这张图为学生进行说明。比方说："课堂上教的内容，主要是提高各位以 IQ 为核心的能力（如图 8-1 左下）；社团活动或志愿者活动，则主要是提高各位以 EQ 为核心的能力（如图 8-1 右下）。在大家进入职场工作之后，这两种都是必备能力。"用这样的方式解释，也许学生会比较容易了解。

思考"这张图解是否能应用于工作"

接下来，我们来思考看看图 8-1 是否适用于商务领域。

在日本的企业里，当一个员工还是新人时，公司着重于 IQ 能力，广义来说包括智慧与执行能力。当员工随着经验累积获得晋升，公司要求的能力会转变为着重 EQ 的领导能力。有人形容日本的领导者大多是萨摩型领导人，也就是把执行工作都交付给足以信赖的部下，一旦发生事情时，自己扛下责任的领导者类型。换句话说，身为领导者，仰赖的是以 EQ 为主的能力。

然而，随着时代变迁，重视 EQ 的领导能力开始渐渐施展不开。当我还是新人时，大家普遍认为商务人士要以成为通才为目标。但是，最近却变成“身为一个专业人士，要以成为专家为目标”。在工作上，属于高 IQ 的智慧与专业变得更受重视，即使身为管理阶层，也不是只要有高 EQ 的领导能力就能轻松胜任。因此，人们追求的领导能力也许已经从图 8-1 右下方的状态略往左下方移动。某种程度上，EQ 跟 IQ 的平衡也越来越重要。

当然，依工作内容和职位的不同，应该重视 IQ 跟 EQ 的哪一个，也会有所差异。

针对公司的各个职位重新评估职员应具备的能力，分析是 IQ 型职位还是 EQ 型职位也许会很有意思。同样地，我们也可以针对每一位人才，逐一观察他是 IQ 较高还是 EQ 较高的人才。

对经营者或人力资源部门负责人来说，甚至能以这张图解为基础，思考人力资源策略。"这个部门的课长需要高度的专业能力，所以应该选用 IQ 较高的人才"，或"这个部门的课长的主要工作是统领所有员工，应该选用 EQ 较高的人才"。如果以这张图解为基础思考，在人力资源策略的运用上，说不定能做得比现在更好。

关于职场的人才配置，仅用图 8-1 下方两个图之间的差异，就能说明大致情况。

各位读者是否已经体会到，如此简单的一张图却充满启发性，能将我们的思考拓展得更宽广呢？

思考"如果改变位置和箭头方向会怎样"

让我们来看一看图 8-2，其内容分为"读、写、算"与"思考"。位于正中间的那一栏，"读、写、算"与"思考"的圆圈是同样的大小。接下来，我们要把这两个圆圈的大小与位置做一些改变，借此思考教育的意义。

图 8-2 左图表示重视读、写、算的价值观，有许多人认为读、写、算是一切能力的基础，也是思考力的支柱。他们主张如果缺乏思考的素

材，就无法深入思考。因此，通过读、写、算来训练基础的学力是先决条件——过去的日本教育就是这样的想法。并且，对近来文部科学省提倡的"快乐学习"理论持反对立场的反对派也抱持同样的看法。

相对地，图 8-2 右图表示重视思考力的想法。"到目前为止，由于我们太过重视读、写、算的能力，造成了对思考教育的忽视。从今以后，应该把重点放在对思考的教育上，如此一来，读、写、算的能力自然也会更加灵活。"最近文部科学省的态度也开始偏向这个立场。

正中间的图则是两者的折中，也就是"读、写、算与思考力双方都非常重要，应该进行均衡教育"。

另外，还有一种理论，认为应该依照不同的学习阶段调整教育内容。"到中学为止，应该彻底实施基础的读、写、算教育，必要时要求学生背诵记忆。但是，在之后的高中和大学阶段，则应该采取重视思考的教育方式。"换句话说，这个意见主张小学及中学的教育应该采用左图的方式，而到了高中及大学应该采用右图的方式。

这个图解充分表达了学力论战的激烈场面，无论主张哪一方的人，都认为两者很重要。但是，论战的焦点在于找到两者平衡点和先后顺序的差异。也就是说，我们可以从中看出一个架构，所谓的学力论战说穿了就是平衡点的论战。

不过，话说回来，你对于教育的看法是三种中的哪一种呢？还是会画成另一个截然不同的图解？你自己从小到大所受的教育又属于其中的哪一种呢？

仅仅思考这些事情，就能增强对图解的感受力。

这 3 个图只不过是圆圈的大小和箭头方向有所不同，从图案的角度来说，实在没有太大差异。但是，就其意义来说，却蕴含着足以引发论战的巨大差别。所以，即使是单纯的图，只要改变圆圈的大小、位置和箭头方向，就能让思考产生丰富的变化。

沃尔曼的文章描述的是 IQ 与人的各种能力。读完那篇文章，若是只在心中想着"原来如此"，根本无法把文章内容变成自己的一部分。

但是，动手把它画成一张自己能够理解的图，甚至将图做一些变化，从中思考自己周遭的事物，例如职场或教育，才能将阅读的内容进一步内化为自己的一部分。像这样的训练累积越多，思考就能越深入，应用范围会越广，从而越能成为一个想法丰富的商务人士。

图解，是借用别人说的话构建自己想法的过程。所以，别人怎么说最终没有太大的意义。以别人的话作为催化剂，整理出自己的想法才是重要的事情。

▼ 这样图解就对了！

- 用在图解中的关键词，要转化成自己能理解的词语后再使用。
- 即使是简单的图解，只要改变圆圈的大小、位置和箭头方向，就能让思考产生丰富的变化。
- 图解是借用别人的观点构建自己想法的一套作业。练习绘制图解，进而锻炼自己的思考吧。

第 9 课　留白，是我故意的

如何以留白方式完成图解？

把共同与相异之处分开思考

第 9 课是以《信息焦虑》一书第 6 章的内容作为图解素材。

这一次，我请学生图解该章中提及"兴趣构成的网络，是通往学习的唯一途径"的内容。沃尔曼提到：只要对某件事情抱有兴趣，便可以此为起点，从兴趣自然而然延伸到其他领域。经由这样的过程，甚至能够习得高水平的知识。

书中举的例子是，对保时捷感兴趣的人，他的兴趣可能延伸到德语、物理学、城市问题或燃料化学等领域。对法拉利感兴趣的人，可能从研究意大利汽车的设计开始，将兴趣延伸至道路、阿皮亚古道、罗马的城市规划或运输史等领域。

对这两个案例进行的图解是 Step 1。图解本身非常单纯，相信很容易就能让人理解。但是，要说这张图是否是一张逻辑正确的图，就很难说了。

这张图表达的是单纯的并列关系。但是，喜欢法拉利的人也可能对物理学或燃料化学感兴趣；对保时捷感兴趣的人里面，应该也有想要研究运输史的人。基本上，无论是喜欢法拉利还是保时捷，他们都对汽车感兴趣。同样身为汽车迷，彼此理应会共同关心某些领域。这种关系不应该用并列的方式表达。

因此，**图解时的重点之一，就是把共通与相异之处分开思考。**

针对这几点对学生进行指导后，学生调整后的图解是 Step 2。

在 Step 2 中，喜欢保时捷和法拉利的人不约而同地对物理学、运输史、燃料化学与道路有共通的兴趣。在逻辑上，Step 2 比 Step 1 进步了许多。

但是，Step 2 的逻辑依然有不足的一面。

Step 1

兴趣是通往学习的入口

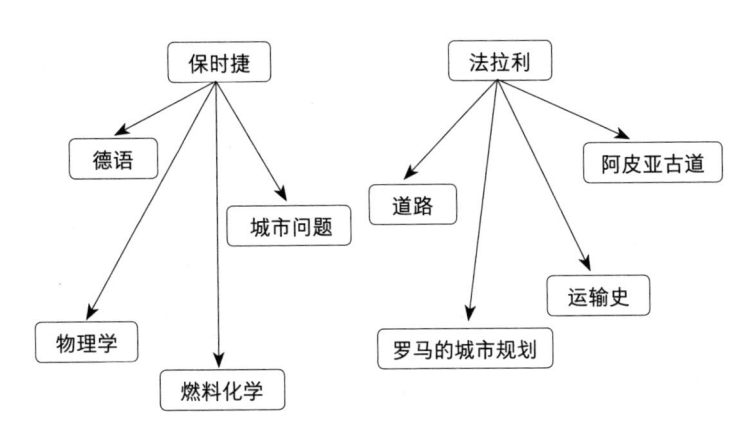

```
保时捷 → 德语
保时捷 → 城市问题
保时捷 → 物理学
保时捷 → 燃料化学

法拉利 → 道路
法拉利 → 阿皮亚古道
法拉利 → 运输史
道路 → 罗马的城市规划
```

作者讲评

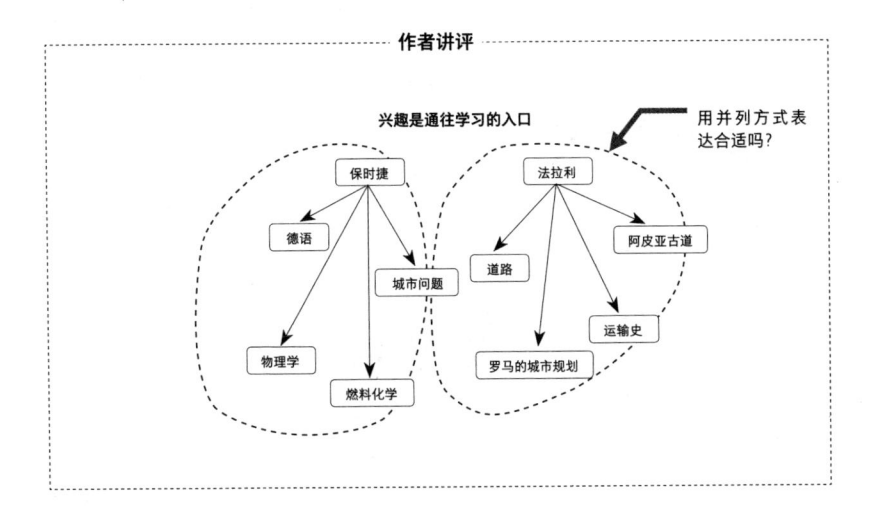

兴趣是通往学习的入口

用并列方式表达合适吗?

Step 2

兴趣是通往学习的入口

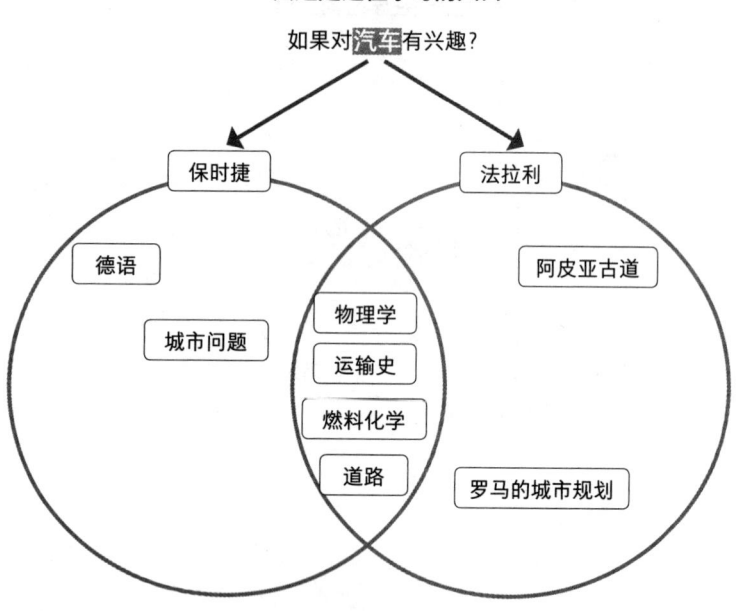

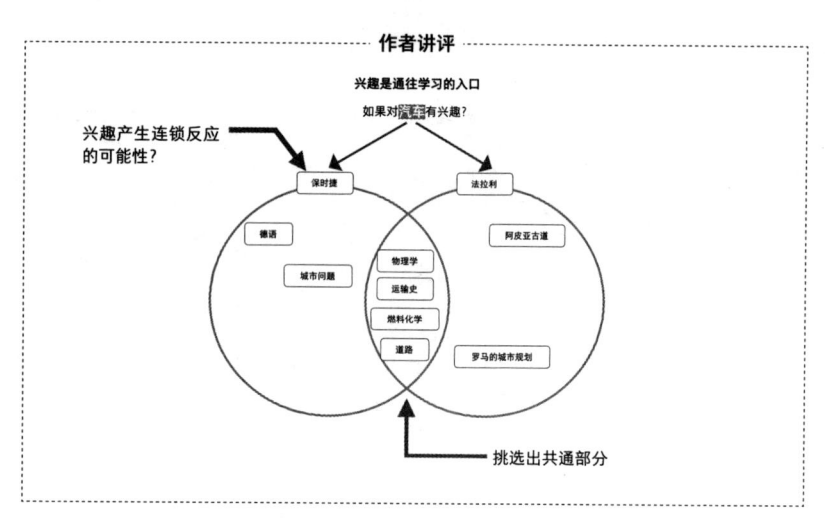

如果对 汽车 有兴趣？

- 保时捷
  - 德语
  - 城市问题
- 法拉利
  - 阿皮亚古道
  - 罗马的城市规划
- 共通部分：
  - 物理学
  - 运输史
  - 燃料化学
  - 道路

作者讲评

兴趣产生连锁反应的可能性？

挑选出共通部分

这些例子不过是沃尔曼举出的一些案例而已。无论对什么有兴趣，最终都可能扩展到各种领域——这才是他真正要强调的核心主旨。换句话说，也就是所谓的"一点突破，全面展开"。

对法拉利有兴趣的人，并不是不能在后来喜欢上保时捷，并因此对德语产生兴趣。喜欢保时捷的人，也可能在一连串兴趣的延伸后，对阿皮亚古道产生兴趣。Step 2 的图等于把这些可能发生的事情都排除在外，所以不能说是逻辑正确的图解。

但是，以 Step 2 为基础再继续修改的话，会变成一张把两边要素完全重叠在一起、语焉不详的图。所以，我建议把起点设为一个，也就是说，既然无论从哪个起点开始，最后都可能殊途同归，那就没必要在一开始分为保时捷和法拉利。

基于这个提议进行修改后的成果，就是 Step 3。

顺带一提，原本在 Step 3 中，应该像 Step 1 一样从保时捷画出许多箭头，连接到每个领域。并且为了表示兴趣的延伸，也应该从每个领域画出箭头连接到其他领域。不过，在所有的领域之间都画上箭头的话，会使图解看起来非常复杂，所以在这张图中我们省略了所有箭头。

分类方式能展现个性与思想

Step 3 中，除了沃尔曼举出的例子之外，学生自己也加进一些例子，非常值得称赞。只是所有要素都单纯被框在一个大圆圈里，本质上跟条目式写法是一样的。

在这个例子中，似乎隐约可以看出该学生对各要素的分类方式，比方说，德语被放在德国文化旁边，物理学被放在燃料化学旁边，关系相近的要素被集中在一起。既然已经辛苦分类了，干脆试着将每个分类加上圆圈，再附上标题，这样一来能让思考更加系统。

一种粗略的做法是：把德语和德国文化圈在一起，取名为"德国精神"；把社会问题和城市问题圈在一起，取名为"德国社会"；把物理学

Step 3

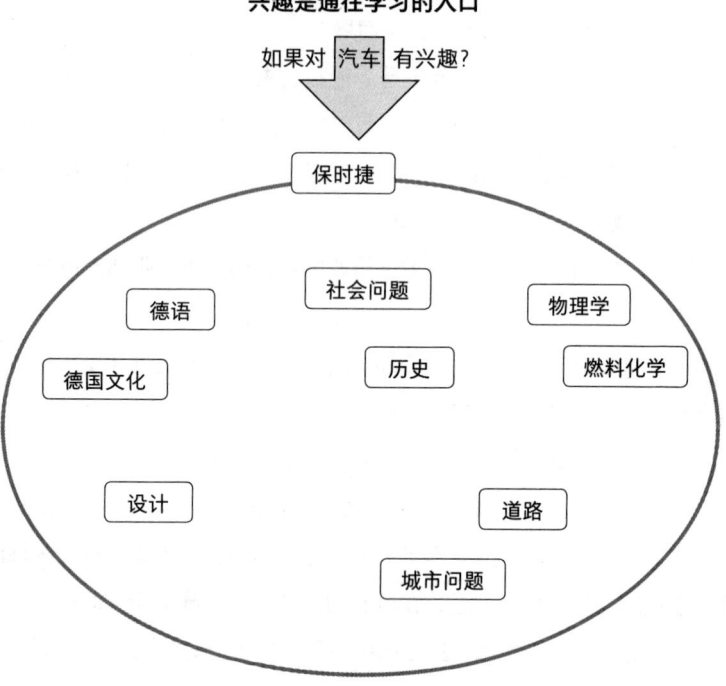

兴趣是通往学习的入口

如果对 汽车 有兴趣？

↓

保时捷

- 德语
- 德国文化
- 社会问题
- 历史
- 设计
- 物理学
- 燃料化学
- 道路
- 城市问题

作者讲评

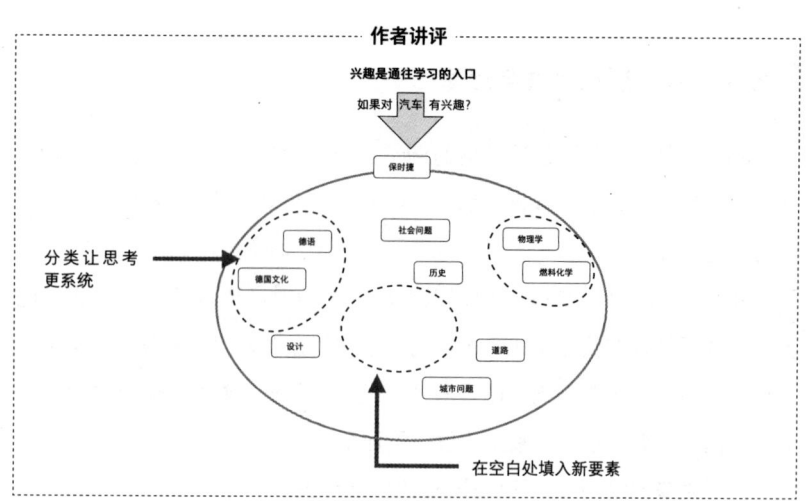

兴趣是通往学习的入口

如果对 汽车 有兴趣？

保时捷

分类让思考更系统 →

在空白处填入新要素 →

和燃料化学圈在一起，取名为"技术"。

如此一来我们就能看出，喜欢保时捷的人可能会对和汽车有直接关系的技术领域感兴趣，或是对德国精神、德国社会这类制造出保时捷的文化背景感兴趣。

除了上述这些组合，也有其他的组合方式。比方说，将城市问题和道路、设计圈在一起，取名为"环境"。或者将设计与物理学圈在一起，取名为"工业设计"等，方式很多，而且每一种方式的逻辑都正确。

这些不同的分类方式代表了分类者的个人特质，也代表其思想。只要改变分类方式，就能画出很多不一样的图解。不满足于单一的分类方式，就能让想法更灵活、更有弹性。

▍填空的过程让思绪更宽广

Step 3 中存在许多空白，在这些空白处填入自己喜欢的要素的过程，能让思考变得更深入。

比方说，我们在这里填入"德国统一"这个要素。如此一来，图的意象一下子就有了很大的改变，分类方式也会因此变化。试着用一些新的组合方式，可能会浮现出原本没想到的新点子。试着思考看看，能不能把德国统一与设计圈在一起？或是能不能把德国统一与道路圈在一起？

把啤酒这个要素填进去的话，又会发生什么事呢？啤酒又应该跟哪些要素圈在一起呢？试着把啤酒和德国文化圈在一起，或将啤酒和设计圈在一起，又会构思出其他的点子。

所谓的创造，就是把不同性质的要素结合在一起，说不定能产生新的想法。

尽可能把啤酒和燃料化学等看似无关的要素组合在一起进行思考，说不定会有新的理论诞生。

就像在水面上滴一滴水会产生不断扩大的波纹一样，加入新要素后，图的状况也会产生变化。有时候，新创意或新发现会由此而生。

我们在看一张图时，通常注意的焦点是图本身，而不是图以外的地方。但是，在进行图解思考时，针对图以外的部分，也就是空白的部分进行思考，也是重要的技巧之一。

换作是你，会在 Step 3 空白部分的什么地方放进什么要素？请试着动手做做看，实际感受一下在填空的过程中，究竟会产生什么样的"波纹"。

留白的图解有助于会议时的头脑风暴

"填空"这种手法，也能应用在会议资料的制作上。

会议时，若是准备的资料太过详细，很容易让会议的讨论焦点拘泥在细节上面。所以不妨省略细节部分，做一张稍微留白的图解。

如此一来，与会者较能集中针对整体架构进行讨论。另外，也可能会因为想要在空白处填上什么，由此使波纹（影响力）越扩越广，从而激发新的想法或是解决问题的好方法。

头脑风暴（brainstorming）也是一样，如果没有任何素材或草案辅助、大脑一片空白，即使邀请与会者就某一主题说出想法，大家也无法凭空产生想法。如果能在与会者面前，以图解方式呈现素材或草案，大家就比较容易构思新想法。不过，如果是用文字写成的草案，光是读完就够累人了，很难继续引发波纹效应。

不过，如果我们做的是一张有许多空白的简图，应该能引发热烈的讨论，也更容易进行头脑风暴。也就是说，**善用适度留白的会议资料，能够产生热烈的讨论**。

开会时的讨论如果变得热烈，大家的参与感也会更强，进入执行阶段肯定能带来更积极的影响。

对于商务人士来说，主要工作之一就是开会。会议的成败往往取决于事前准备的会议资料，我想这么说一点也不为过。

建议各位准备会议资料时，也试着做一张有许多留白的简图。

当初，我还在职场工作时，曾用这个方法有惊无险地渡过了好几次气氛紧张的会议。虽然说出自己过去的经验让人有点害羞，但是我必须说，利用在图解里留白的技巧，引发与会者讨论，效果真的非常好。

▼ 这样图解就对了！

- 图解，要先从区分共通与相异部分开始着手。
- 会议资料要善用留白，如此一来较能引起热烈的讨论。

第 10 课　文字、图案与数字的力量

如何从图解进化到图解思考？

将图解内容泛用化，扩大应用范围

第 10 课中我们要拿来作为图解主题的素材，是《信息焦虑 2》一书中的部分内容。

沃尔曼在该书第 5 章中，提出对于沟通时的有效传达方式的看法："想要提高沟通时的传达力，必须让自己想传达的意象与对方接收到的意象尽可能一致。不过，事实上这并非易事。"因此，沃尔曼认为重要的是选择正确的说明手法。对于说明手法，他举出了文字、图案、数字 3 个要素，主张把这三者的其中一种当成主体，再好好搭配另外两种要素会比较有效。

请各位看看 Step 1 的图，我认为这张图的基本框架做得非常不错。在最上方的第一段，直接点明说明手法包含文字、图案与数字 3 个要素；中间的第二段阐述"依据内容的不同，应该选择适合的说明方式"的结论；最下方的第三段则分别举出了具体的实例。

我们在形容一家企业时，如果以表示营业额与利润的数字为中心，再辅以表达业务内容的文字，或办公室、商品照片等图案，就会有很好的传达效果。

同样，进行有关车辆销售的展示时，应该以车辆外观与内装照片等图案为中心，再辅以描述车辆性能或售价等的文字与数字。的确，汽车的产品目录上都使用了大量的照片。

另外，在形容一个人时，为了表达个性与性格，会以文字（说明）为中心，再辅以描述年龄的数字与本人照片的图案。

Step 1 把基本的理论内容，连同书中举的例子，都用图解表达得很好。不过，接下来我们要更进一步思考这个图解。

在 Step 1 中，并没有清楚说明为什么在形容一位朋友时，以文字为主

Step 1

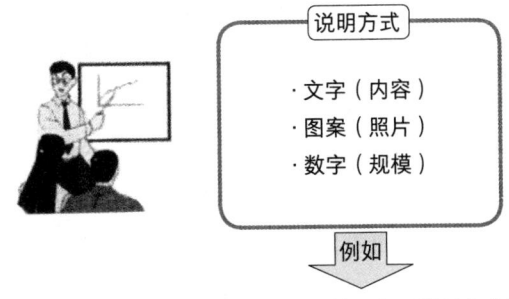

说明方式依据内容不同而异

说明方式
- 文字（内容）
- 图案（照片）
- 数字（规模）

例如

重要的是选定作为主体的要素，说明方式依内容而异！！

形容一位朋友	形容一家公司	形容一辆车
描述个性的 **文字**	营业额等 **数字**	汽车照片等 **图案**
年龄等 **数字** / 照片等 **图案**	说明企业理念的 **文字** / 办公室照片等 **图案**	性能等 **文字** / 售价等 **数字**

作者讲评

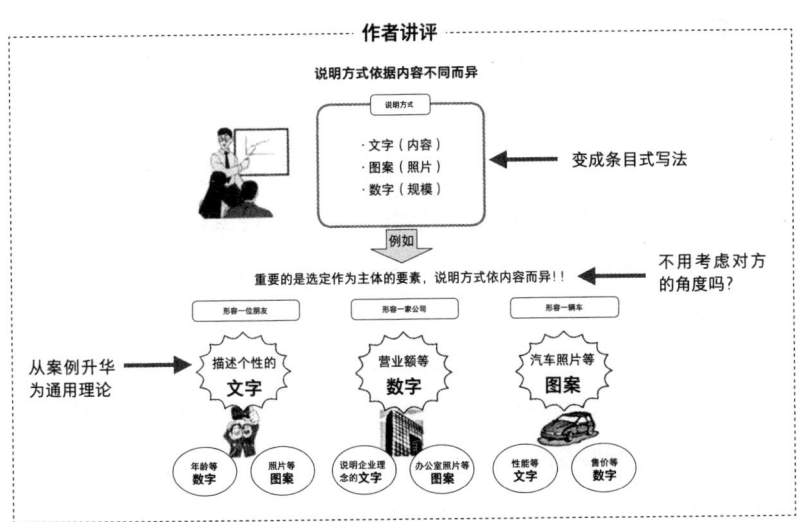

说明方式依据内容不同而异

说明方式
- 文字（内容）
- 图案（照片）
- 数字（规模）
← 变成条目式写法

例如

重要的是选定作为主体的要素，说明方式依内容而异！！ ← 不用考虑对方的角度吗？

从案例升华为通用理论 →

形容一位朋友	形容一家公司	形容一辆车
描述个性的 **文字**	营业额等 **数字**	汽车照片等 **图案**
年龄等 **数字** / 照片等 **图案**	说明企业理念的 **文字** / 办公室照片等 **图案**	性能等 **文字** / 售价等 **数字**

的效果较好；为什么形容一间公司时，以数字为主的效果较好；为什么形容一辆车时，以图案为主的效果较好。如果图中没有解释，只停留在一些案例上，就无法将这张图解的内容普遍化，结果会使得这张图解停留在单纯针对书本内容汇整的阶段，终究无法成为一张**能广泛应用的图解**。

针对这一点看法，我和绘制 Step 1 这张图的学生进行讨论之后，画出了 Step 2，分别以几个关键词清楚表达了各个效果。

图案能让人只看一眼就掌握整体，所以具有整体把握的效果；数字具有和其他事物相比较的特性，因此有比较效果；文字能扩张人的想象空间，所以具备想象效果。

如此一来，Step 2 就显得比 Step 1 更为普遍化。想说明整体时，便以图案为中心；想强调比较结果时，便以数字为中心；想要请对方自行想象时，就以文字为中心。我们依据自己的想法设计出这个公式，也让这张图变得更具水平，能够广泛应用。

另外，Step 1 的图中，写在中间的"重要的是选定作为主体的要素，说明方式依内容而异"应该是图解的结论，也就是主要信息。**结论放在图解的下方更加清楚易懂**，因此 Step 2 中我们将它移到了图的最下方。

检视信息是否过于片面

接下来，我们要对图解本身进行探讨。首先，我们认真思考一下写在 Step 1 中间的"重要的是选定作为主体的要素，说明方式依内容而异"这句话。这句话在本质上只考虑了自己的立场，没有考虑对方立场。

想要透过图解传达信息时，重点之一是依据内容与说明对象的特点，调整说明时使用的要素。

比方说，我们在介绍自己所属的公司时，对方想听的究竟是营业额与利润等数据，还是想知道业务内容与企业文化？说明对象的特点与需求不同，说明方式也会跟着改变。

如果对方是投资者，想要知道的也许是公司的经常性净利润与有息负

第 2 章　实践篇　图解思考，就是深度思考 / 073

Step 2

说明方式依据内容不同而异

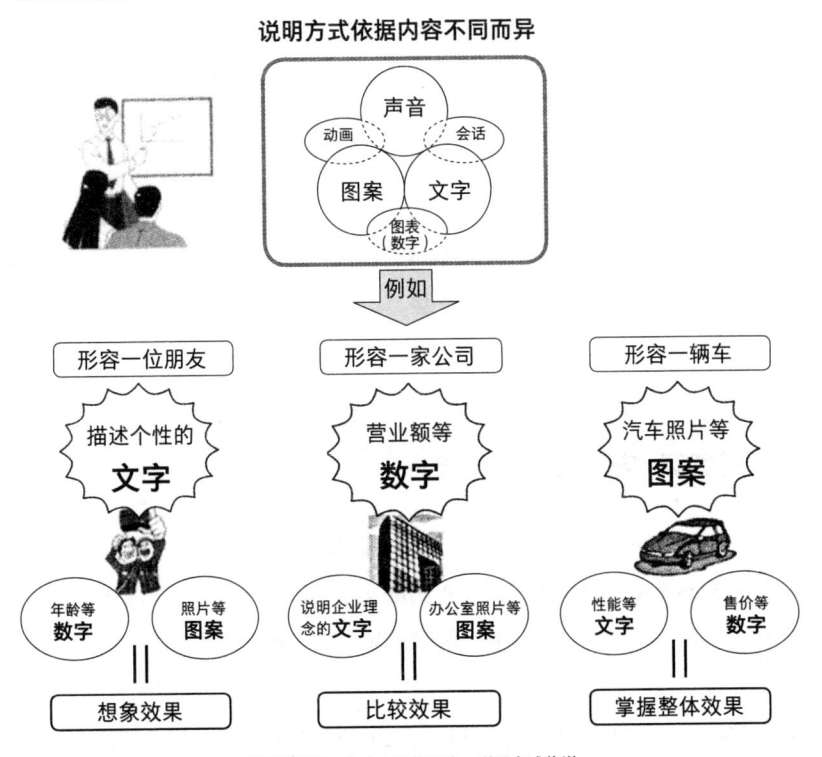

声音／动画／会话／图案／文字／图表数字

例如：

形容一位朋友
描述个性的**文字**
- 年龄等**数字**
- 照片等**图案**
= 想象效果

形容一家公司
营业额等**数字**
- 说明企业理念的**文字**
- 办公室照片等**图案**
= 比较效果

形容一辆车
汽车照片等**图案**
- 性能等**文字**
- 售价等**数字**
= 掌握整体效果

重要的是选定作为主体的要素，说明方式依说明内容与传达对象而异！！

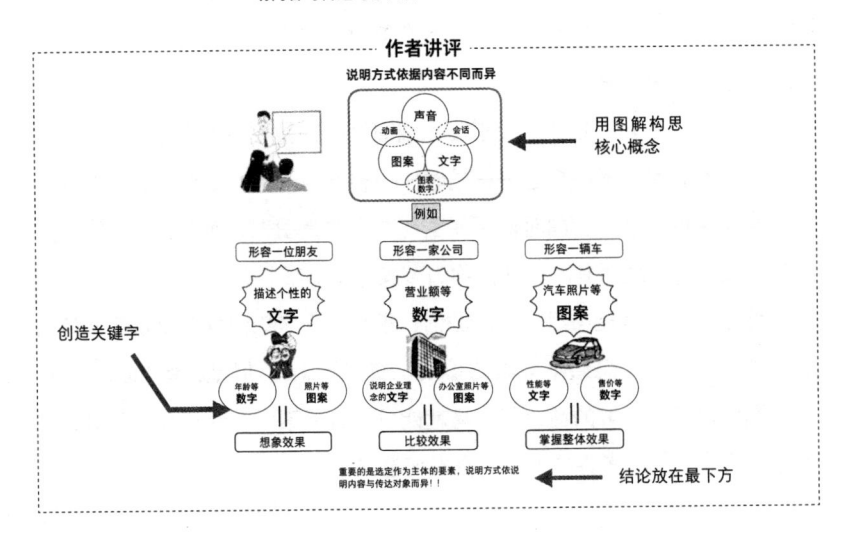

作者讲评

- 用图解构思核心概念
- 创造关键字
- 结论放在最下方

债等详细的财务数据；如果对方是求职者，比起公司的营利数据，更想知道的也许是企业文化、工作环境和公司的未来发展等信息。也就是说，为了更有效地传达信息，必须依据说明对象调整说明时的要素。

所以，考虑到对方立场，我们把这句话修改为"重要的是选定作为主体的要素，说明方式依说明内容与传达对象而异"。

请各位记得，在绘制图解时，要经常检视自己的观点是否过于片面。前面我们也提过，商务人士在图解自己的工作时，经常只注意到自己和自己公司的角度，忘了考虑客户的立场。

绘制商用图解时，请务必确认是否考虑到客户的立场。

画成图解，脑中会浮现新想法

下面我们要来看看图解最上方关于说明方式的部分。

在 Step 1 中，学生把沃尔曼提出的文字、图案与数字 3 个要素用条目式写法列在上面。现在我们不用条目式写法，试着把它改成图解看看。

附带一提，沃尔曼在书中提出的观点比较像使用纸媒时的说明手法，而通常我们在做展示时，会大量运用到声音这个要素。所以，我们把声音也加进图中。在这里，我们先删除"数字"，试着把焦点锁定在声音、图案与文字 3 个要素。虽然与最下方的案例内容略有矛盾，但我们先针对这几个要素深入思考看看。

如 Step 2 所示，把 3 个要素写在圆圈里，并做成图解来看的话，会发现其中存在相互交叉的概念——同时使用声音与图案的是动画，同时使用声音与文字的是会话，同时使用文字与图案的是图表。而声音、图案、文字 3 个要素全都使用到的，就该称为多媒体了。

像 Step 1 那样用条目式写法的话，很难让人联想到各个要素之间还有交叉的概念存在，思绪不会因此扩及"交集概念"。但是，像 Step 2 那样写在圆圈里做成图解的话，很容易就能发觉各要素间存在重叠的部分，同时也能启发我们思考重叠部分究竟有何意义。

与条目式写法不同，图解有助于我们思考重叠的部分以及空白的部分，能够促进思考的深入，脑中浮现新想法的概率也会增加。这也是图解的好处之一。

思考是否有其他切入点

让我们再重新思考一次：声音、图案与文字3个要素，是否真的能好好传达信息？

比方说，泡温泉时的舒畅感、食物的美味等，是否用这3个要素就能表达完好呢？

温泉水的温度与触感、轻拂的微风、温泉的气味等，仅用声音、图案与文字根本无法彻底表达。要传达食物的美味，只用这3个要素也非常困难。似乎声音、图案与文字3个要素有一定的表达限制。

既然如此，我们用别的切入点，试着站在信息接收者的立场思考这件事，就能浮现"五感"这个关键词。

能用来传达信息的手法，包括视觉、听觉、触觉、嗅觉与味觉。

用五感的概念思考原先的3个要素，声音属于听觉，图案与文字则都属于视觉。

在家电卖场或超市等零售业现场，店家为了向客户展示商品，会让我们用手触摸或提供试吃。这分别是诉诸触觉、味觉与嗅觉的手法。

这让我们了解到，想要让展示成功，就要好好思考诉诸五感中的哪一感能产生最好的效果。

如果展示时直接面对客户，我们当然能够诉诸五感中的任何一感；但是，如果必须透过报纸、杂志、电视、收音机、网络等媒体时，想要诉诸触觉、嗅觉、味觉就显得很困难。虽然杂志广告偶尔会夹有"试香贴纸"，撕开就能闻到香味，但毕竟还是少数。

由此，我们可以得到一个结论，媒体原本就带有只能诉诸视觉与听觉的特征。因此我们可以推测，能够同时诉诸视觉与听觉的媒体，其影响力更强。事实上，能同时诉诸视觉与听觉的电视，的确是传达力很强的媒体。网络也能同时诉诸视觉与听觉，因此未来其影响力会继续增加。

总而言之，依据自己的方式，利用图解深入思考信息和媒体的特征，如果有一天需要上台做展示，就能依照时间、地点与场合，选择最有效的说明方式。

▼ **这样图解就对了！**

- 将内容普遍化，就能绘制一张可以广泛应用在其他场合的图解。
- 图解的结论放置在下方才更清楚易懂。
- 使用圆圈进行图解时，能够得到条目式写法难以得到的构思，例如发现重叠与交叉关系。

第 11 课　图解有助于思考解决方案

如何将图解与工作联结？

试着图解工作面临的问题点

第 11 课中，我们要拿来作为图解主题的，也是《信息焦虑 2》中的一节。

沃尔曼在"禁锢于高层办公室"一节中举例道，在美国，管理阶层与一般员工之间存在沟通鸿沟，工作现场最前线的信息大多无法正确地传递到最高层。

Step 1 这张图其实是参考原作中的"坏消息过滤网"（The bad news filter）一图绘制的。但是，学生花心思把原作中圆柱形的组织结构改成了金字塔结构。没错，我们常以金字塔表现公司的层级组织，并且只要画上几条横线，就能表达层级数量和从属关系。

只是这张图很大的问题是，不是完全由自己从头思考的。即使书中已经有图出现，我们也不应被它影响，而应用自己的方式重新思考一遍。

Step 1 非常简单明了，现场发生状况时，即使向直属上司报告"完了，死定了！"（Catastrophic!），当直属上司再往上呈报时，也会减弱到"很糟糕！"（Terrible!）。如果继续层层上报，就仿佛传话游戏般，信息会从"有麻烦"（bad）→"有点状况"（problematic）→"需要修正"（needs fixing）→"需要微调"（needs adjustment）→"改善中"（improving），使真相不断被掩盖。

结果，即使现场发生重大的问题，等传到最高层时，信息可能已完全颠倒，变成"没有问题"或是"进行得很顺利"，这绝对不是正确的经营方式。

导致"下情无法上达"的原因当然有很多。沃尔曼在书中举出其中一个原因——大部分的上司都不喜欢听下属报告坏消息。另外，他描述道，高层主管们为了维持自己的权威，多数人会认为主管应该与员工保持距

Step 1

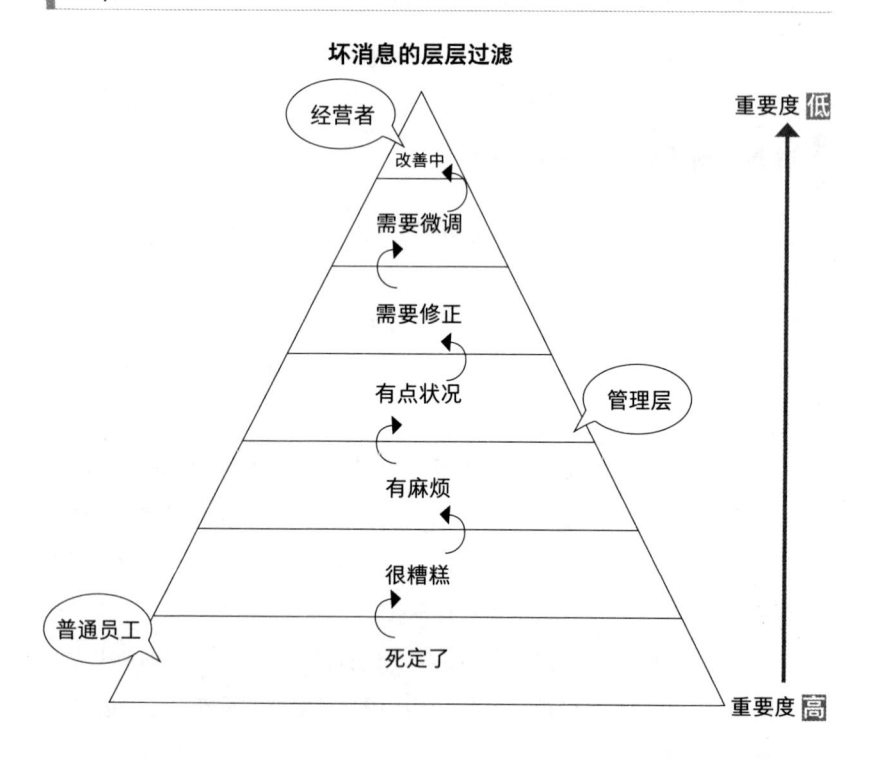

坏消息的层层过滤

金字塔结构（自上而下）：
- 经营者：改善中
- 需要微调
- 需要修正
- 有点状况 — 管理层
- 有麻烦
- 很糟糕
- 普通员工：死定了

重要度 低 ↑ ↓ 重要度 高

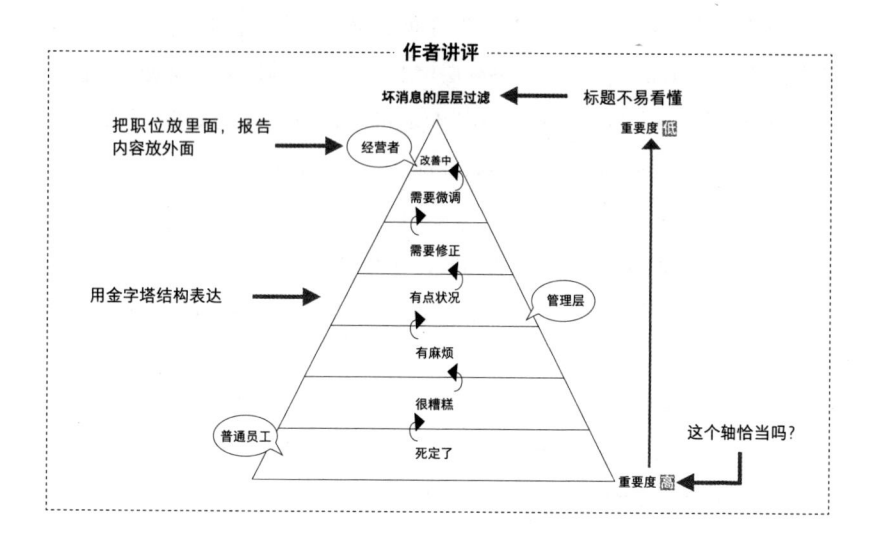

作者讲评

- 标题不易看懂
- 把职位放里面，报告内容放外面
- 用金字塔结构表达
- 这个轴恰当吗？

离。结果出于组织结构或办公室政治的原因，导致从基层传来的信息都被拦截或隐匿不报。

近来频频发生的企业丑闻当中，有的问题甚至出在高层究竟知不知道上。从这张图进行思考，我们可以推测出，即使信息传递到高层，说不定也已经是不正确的信息。

表达技巧和标题文案双管齐下

那么，要把 Step 1 修改得更好，应该怎么做呢？

来自现场员工"死定了！"的报告，传递到高层时已经从负面消息变成"会比以前更好"的正面消息了。所以，"重要度高""重要度低"等形容词并不适当，应该改变形容词，并使用表示相反状态的箭头。

再者，出自人们口中的话，用对话框来表达会有更好的效果。所以，应该把职位名称放在金字塔里面，层层上报的内容放在对话框里，这才是较为妥当的方式。

Step 2 是改善之后的图解，"死定了"的对话框是有很多锯齿状突起的星形框；越往上对话框变得越为周正，最后甚至变成椭圆形。这个设计相当好，让我们能充分感受到报告内容越来越圆滑的样貌。**使用不同形状的对话框，能让表达的信息展示得更明确。**

图左侧的"危机感"与"期待感"两个关键词也用得很好。

但是，在细节方面还是有不够深思熟虑的地方。比方说，职位名称的部分，董事其实也是经营者之一，而经营者以外的经理、课长、组长与主任，说穿了其实都是员工。

最上方和最下方的职位名称不要使用"经营者"和"员工"这种说法，直接用"社长"和"普通员工"会比较清楚易懂。假使我们要把各种职级分成经营者、管理层与普通员工三大类，那么背景的底纹也不要用整体渐层式，而是依各大类分别使用不同色度的底纹。

在 Step 2 的图中出现了许多箭头，让人搞不清楚应该从哪里开始阅

Step 2

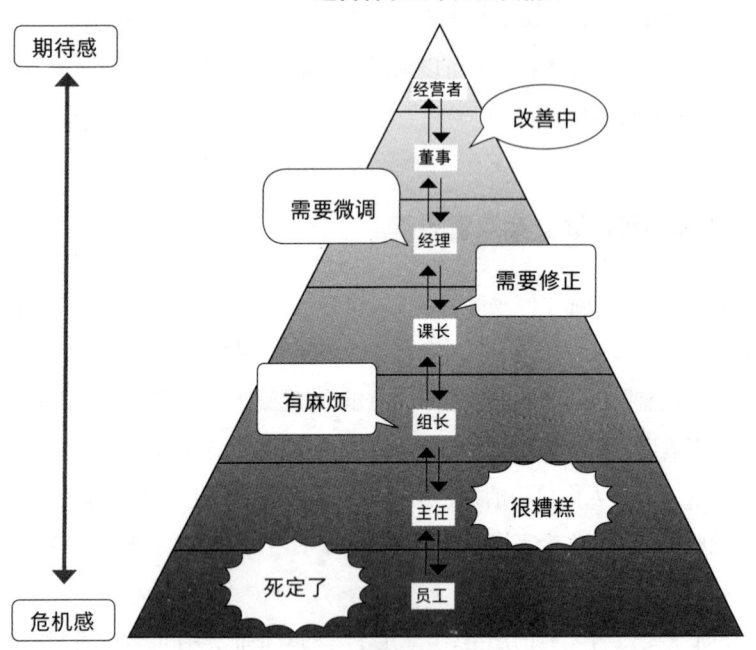

经营者永远不知道实情!?

（金字塔图：期待感 ↕ 危机感）
- 经营者 — 改善中
- 董事
- 经理 — 需要微调
- 课长 — 需要修正
- 组长 — 有麻烦
- 主任 — 很糟糕
- 员工 — 死定了

作者讲评

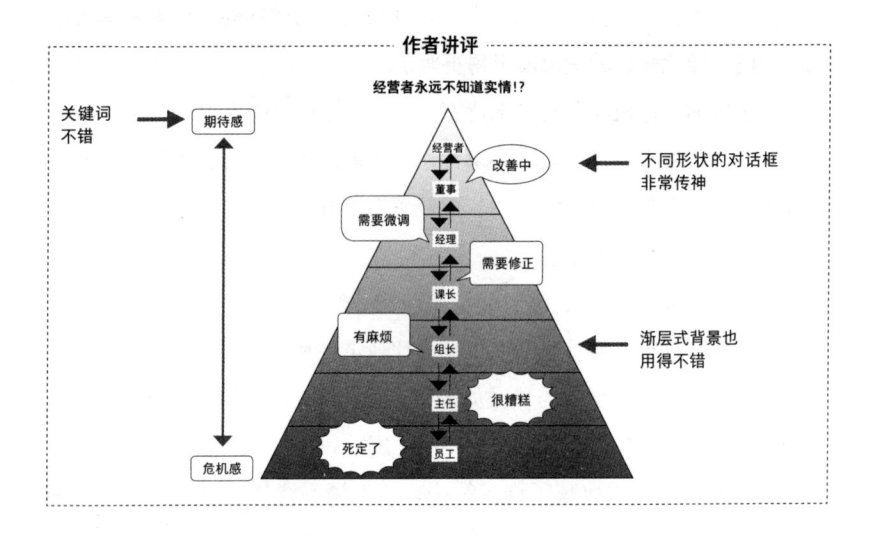

经营者永远不知道实情!?

- 关键词不错 → 期待感
- 不同形状的对话框非常传神
- 渐层式背景也用得不错

读。为此，按顺序加上数字编号便能清楚易懂。Step 3 是根据上述建议修正后的结果。

顺带一提，在 Step 1、Step 2、Step 3 的图里，图解标题也一直在修正。Step 1 的标题"坏消息的层层过滤"是原作中所附图解的标题，而其究竟代表什么意思，却令人费解。到了 Step 2 改成"经营者永远不知道实情！？"后，就非常清楚易懂了。Step 3 的标题改成"信息从头传到终点会反转"，想必是为了强化标题的冲击力，不过标题下得有点太过火了。"有些信息传到终点后意思会颠倒"或"信息传到终点后，意思可能会颠倒"等标题比较恰当。

不过，无论如何，配合内容的修正，下功夫修改标题的态度很值得称许。

不只分析现况，还要画出解决方案

Step 1 与 Step 2 已经把容易发生在组织中的问题点表达得很好。从学校的图解课的角度来看，已经达到合格标准。但是，如果要在职场中使用，这两张图还有进步的空间。

为什么呢？因为 Step 1 和 Step 2 仅停留在对现象的分析上。**工作现场最需要的不是分析现况，而是提出解决问题的方案**。思考要能达到这个境界，图解才算是在职场中发挥实际效果的有用图解。

由于画这张图的学生尚未踏入职场，因此由我提供有关解决方案的建议，与他一起探讨。

Step 3 中列举的解决方案有经营者心态调整、组织扁平化与利用 IT 接近现场 3 项。

最重要的是经营者要接受听到坏消息的可能性，如此一来，传达正确信息给经营者的下属就会增加。另外，如果经营者能意识到职场里经常发生"传话游戏"，也许多少可以在心态上做一些改变。

话虽如此，要改变包括经营者在内的所有管理层的态度，并不是那么

Step 3

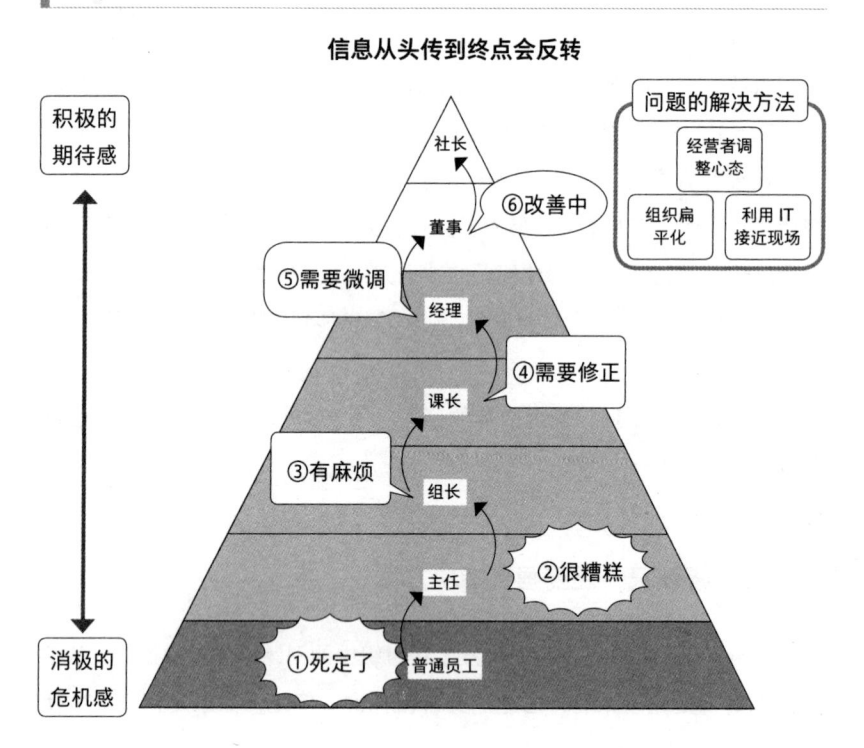

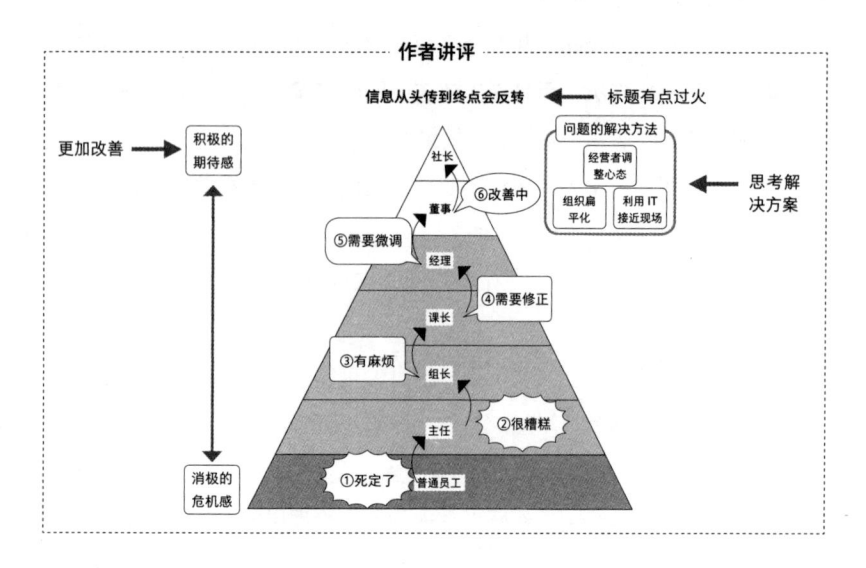

信息从头传到终点会反转

积极的期待感 ↕ 消极的危机感

- 社长
- 董事 — ⑥改善中
- 经理 — ⑤需要微调
- 课长 — ④需要修正
- 组长 — ③有麻烦
- 主任 — ②很糟糕
- 普通员工 — ①死定了

问题的解决方法
- 经营者调整心态
- 组织扁平化
- 利用IT接近现场

作者讲评

- 标题有点过火 ← 信息从头传到终点会反转
- 更加改善 → 积极的期待感 / 消极的危机感
- 思考解决方案 ← 问题的解决方法（经营者调整心态、组织扁平化、利用IT接近现场）

（金字塔层级：社长／董事⑥改善中／经理⑤需要微调／课长④需要修正／组长③有麻烦／主任②很糟糕／普通员工①死定了）

简单的事。所以，组织结构的改变也是有必要的。

从 Step 3 我们可以发现，组织内的层级越多，真相越会如同"传话游戏"一般被扭曲。既然这样的话，只要减少组织内的层级，第一线的信息就能比较容易往上传达。

原本那张图中的组织分成了 7 个层级。若是只有 4 层的话，信息的传达可以是"死定了→很糟糕→有麻烦"，不算被扭曲得太离谱（详见图 11-1 的"1.减少层级"）。我们常说应该把金字塔型的组织改变为扁平化组织结构，其主要目的也是减少层级。

另一个解决方法，是让社长跟一般员工之间拥有直接沟通的渠道。如果能善用 IT 让前线员工与高层直接对话，就能增加现场信息正确传到高层的可能性（详见图 11-1 的"3.活用 IT"）。IT 有一种"越级"的特征，无论中间有多少层，只要略过中间直接跳到终点，信息就能如实无误地传到该传到的地方。另外，举一个不是活用 IT 的例子，比如各公司为了避免再度出现企业丑闻，研究是否导入内部揭弊制度，也是"跳过中间层

图 11-1　图解有助于思考解决方案

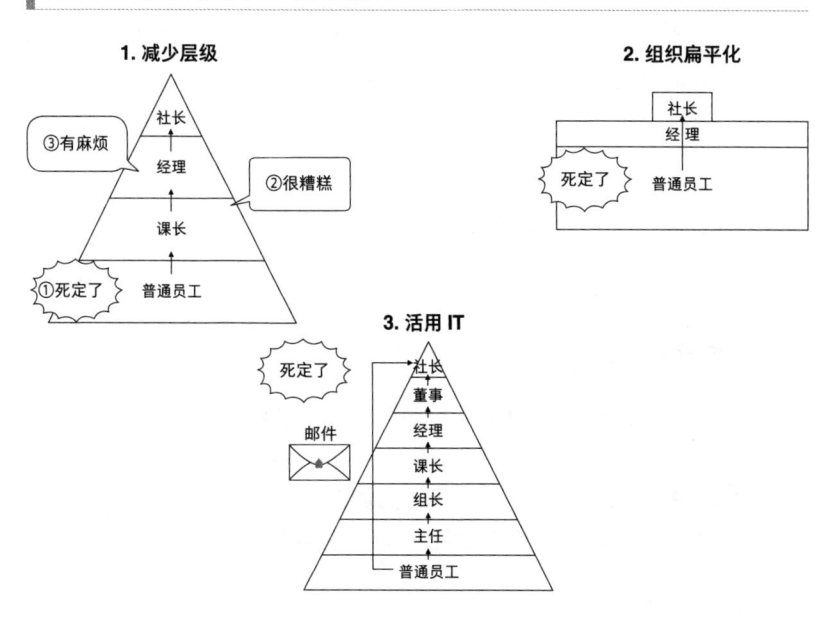

级"之意。

在 Step 3 里，这 3 个解决方案被画成彼此无关的独立架构，但其实三者并行的效果是最佳的，所以画成 3 个要素重叠在一起的架构比较好。

图解，让沟通更顺畅

在这个项目中，我们必须认真思考如何改变组织中的沟通。

所谓职场，我认为其实是一连串的沟通活动。

如果能促进公司内部沟通，便能构思出新想法，制造出更好的产品，然后借由宣传活动与社会沟通，把好产品推广出去。所谓的营销业务，说穿了就是与客户沟通；客服部门的工作，则是有效利用来自客户的投诉或意见，与公司的相关部门沟通，以求改善产品；经营者的工作，则是思考如何才能让所有的沟通活动顺利运作。

美国企业中有个职务叫首席信息官（CIO, Chief Information Officer），我认为企业真正最需要的角色其实是首席沟通官（CCO, Chief Communication Officer）。与其思考信息策略应该如何，不如思考沟通策略应该如何，这才是真正该做的事。企业不妨设置一个负责统筹全公司内外所有沟通的职务，以符合时代需要。

要让沟通变得更顺畅，必然需要某些工具，我认为其中之一便是图解。图解可以在企划会议中、上司与下属沟通时、业务活动时使用，其应用范围非常广。各位请务必利用图解，试着改变沟通方式。

▼ 这样图解就对了！

- 对难以弄清楚该从何处开始阅读的图，依阅读顺序加上数字，就不会造成误解。
- 使用不同形状的对话框，能让信息表达得更明确。
- 完成图解并不是工作的结束，要思考从图解中浮现的解决方案。

第 12 课　当图解化为思考零件的那一刻

　　　　　　　如何画一张大家都点"赞"的好图解？

避免重复出现相同要素

　　第 12 课中作为图解主题的是《信息焦虑 2》第 4 章中"数字时代的设计"和"信息传达的质量检测"这两小节的内容。

　　沃尔曼在此处列出了网页设计的三要素，即容易浏览（ease of navigation）、信息质量佳（quality of information）与省时（time savings），并且表示好的传达方式必须妥善组合文字、图案和声音等要素。

　　世界上有许多网站，其中存在不少让人觉得"虽然网页设计得很漂亮，但是很难使用，总是找不到想找的那一页"，或是"网页很少更新，让人担心到底是不是最新信息"的情况。我认为这是个有趣的题目，所以请学生以此为主题进行图解。

　　那么，让我们来看看 Step 1。

　　在 Step 1 中，学生把整张图用"媒体"这个关键词框起来，这让人有点不易理解。既然这张图的主题是众多媒体之一的"网页设计"，那么把"媒体"更改为"网页"应该比较好。

　　Step 1 的整体架构分为 3 个区块。但是，左下方的"信息质量如何"与右半部分的"信息质量佳"其实是一样的意思。同样的要素在多个地方重复出现，会使图解复杂难懂。所以，首先我们得好好整理要素的结构。

　　"哪些要素讲的是同样的事情？"我问画出这张图的学生。

　　"'正确吗'与'明确吗'以及'信息质量佳'是一样的意思。"

　　"'清楚易懂吗'好像可以跟'容易浏览'合并在一起。"

　　"容易浏览也就可以省时。"学生这样回答我。

　　接下来，以我们的讨论为基础，重新整理思绪后画出来的是 Step 2。

　　在 Step 2 中，原本的 3 个区块被汇总为 2 个，这一点是很大的进步。但是，这样汇总还不够清楚。

Step 1

网页设计的要素

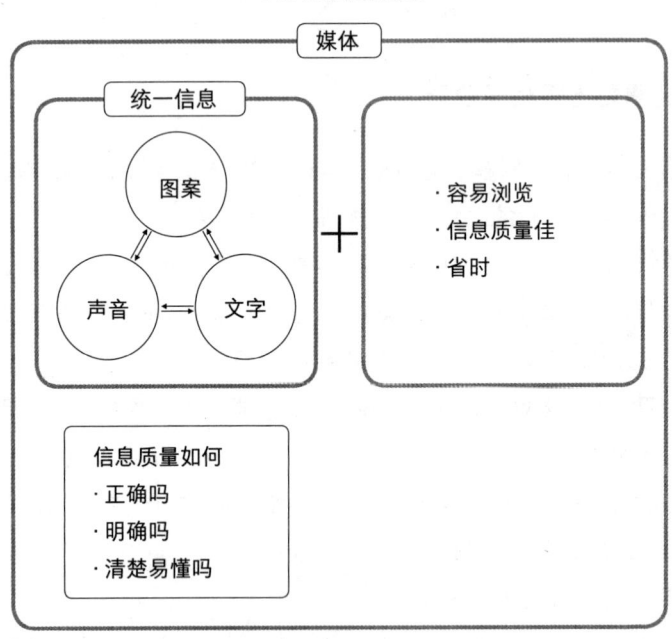

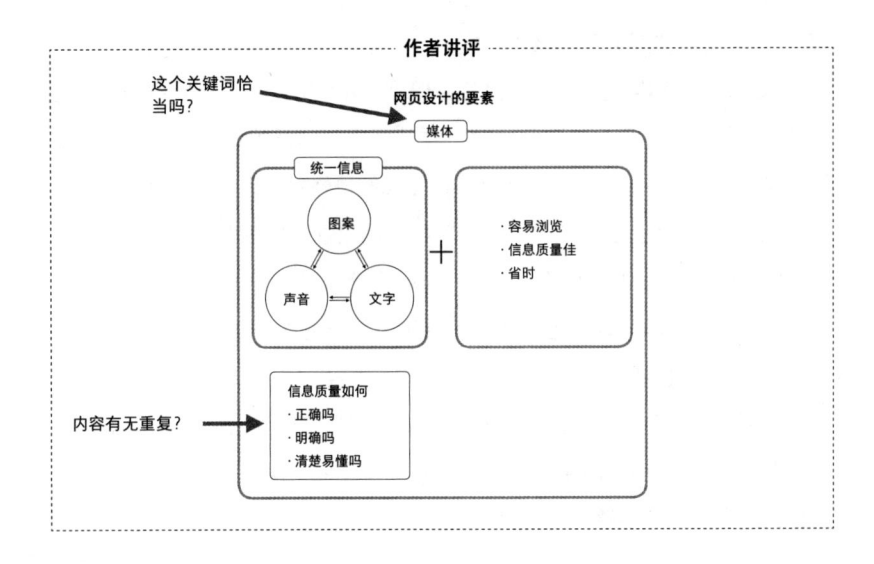

- 媒体
  - 统一信息
    - 图案
    - 声音
    - 文字
  - ·容易浏览
  - ·信息质量佳
  - ·省时

信息质量如何
·正确吗
·明确吗
·清楚易懂吗

作者讲评

这个关键词恰当吗？ → 网页设计的要素

- 媒体
  - 统一信息
    - 图案
    - 声音
    - 文字
  - ·容易浏览
  - ·信息质量佳
  - ·省时

内容有无重复？ →
信息质量如何
·正确吗
·明确吗
·清楚易懂吗

Step 2

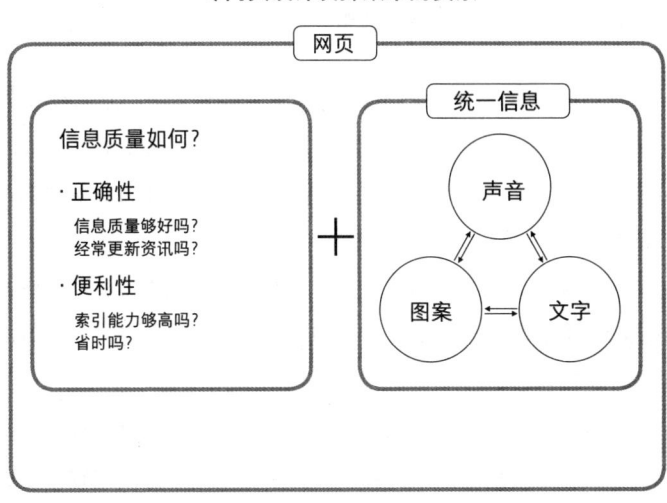

令网页设计发挥效果的要素

网页
- 信息质量如何？
  - ·正确性
    - 信息质量够好吗？
    - 经常更新资讯吗？
  - ·便利性
    - 索引能力够高吗？
    - 省时吗？

＋

统一信息
- 声音
- 图案
- 文字

作者讲评

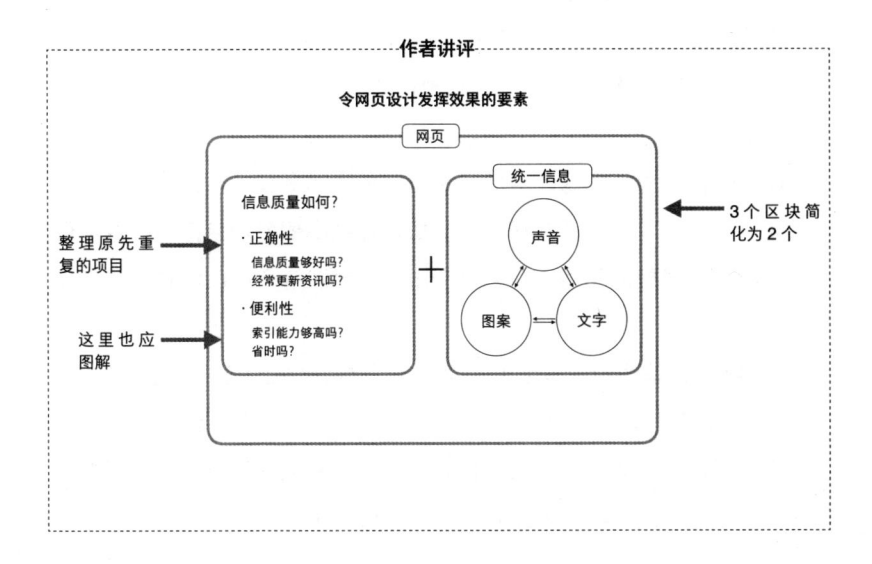

令网页设计发挥效果的要素

网页
- 信息质量如何？
  - ·正确性
    - 信息质量够好吗？
    - 经常更新资讯吗？
  - ·便利性
    - 索引能力够高吗？
    - 省时吗？

＋

统一信息
- 声音
- 图案
- 文字

← 整理原先重复的项目

← 这里也应图解

← 3个区块简化为2个

所以，让我们一起针对 Step 2 中左侧的部分，重新再思考一次。

▎以自己的经验为起点开始思考

有时候，当我们思考得越来越深入时，如果思绪一直受限于原本的文章或自己绘制的图解，就很容易陷入思考的迷宫，无法整理思绪。一旦发生这种情况，一个有效的方法就是重新从自身经验或自己熟悉的地方出发，再思考一次。

以本例来说，那位学生因为一直盯着原本那张图思考，所以没办法将脉络与思绪整理清楚。与其如此，不妨跳出这张图，思考自己平时的上网经验，这会比较容易。

平常上网时，我们会频繁浏览什么样的网站呢？一是信息经常更新的网站，毕竟没有新信息的网站，我们不会一直浏览。二是很容易找到正在搜寻的信息的网站。如果点来点去始终找不到想找的页面，很容易让人再也不想进入这个网站。

网站信息经常更新，会使信息的质量较好；在网站上容易找到我们想要的信息，就能节省时间。

像这样跟学生讨论后，似乎可以理出一些头绪。也就是说，我们了解到要制作一个具有吸引力的网站，就要能让人很快找到想要的信息，也就是提高索引力；要想吸引人们不断关注网站，就要持续更新信息。

以上述讨论为基础修改而成的 Step 3 删去了旁枝末节，只聚焦在重要的要素上，是一张简洁易懂的图。像这样**把类似的项目汇总，就能做出一张整理得很好的图解**。达到这个水平，就图解来说已经是一张高质量的作品。

我们可以从这张图中解读出，设计网页时需要在信息内容及传达方式上下功夫。而信息内容的重点，就在于高索引力及更新最新信息。

你公司的网站或是你自己的网站，是否经常更新最新信息、把网页设计得具有高索引力呢？我也开设了一个自己的网站，叫"久恒启一图解

Step 3

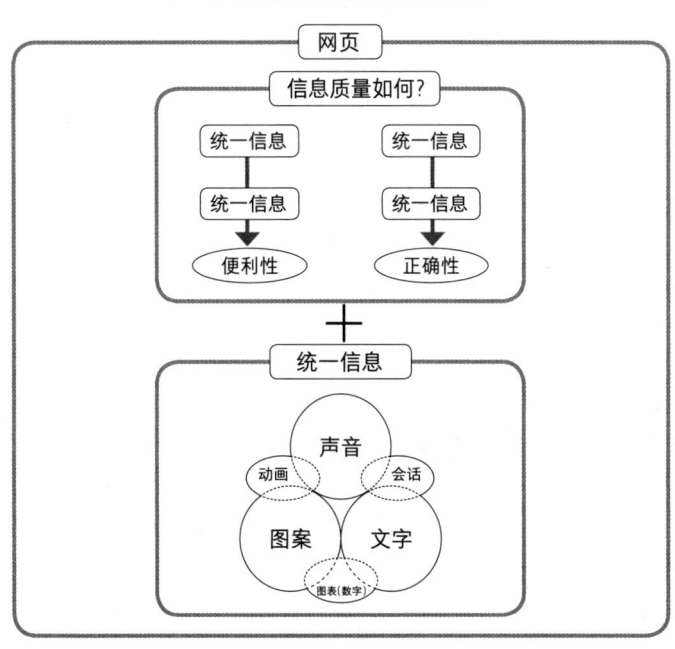

令网页设计发挥效果的要素

- 网页
  - 信息质量如何?
    - 统一信息 → 统一信息 → 便利性
    - 统一信息 → 统一信息 → 正确性
  - ＋
  - 统一信息
    - 声音、动画、会话、图案、文字、图表(数字)

作者讲评

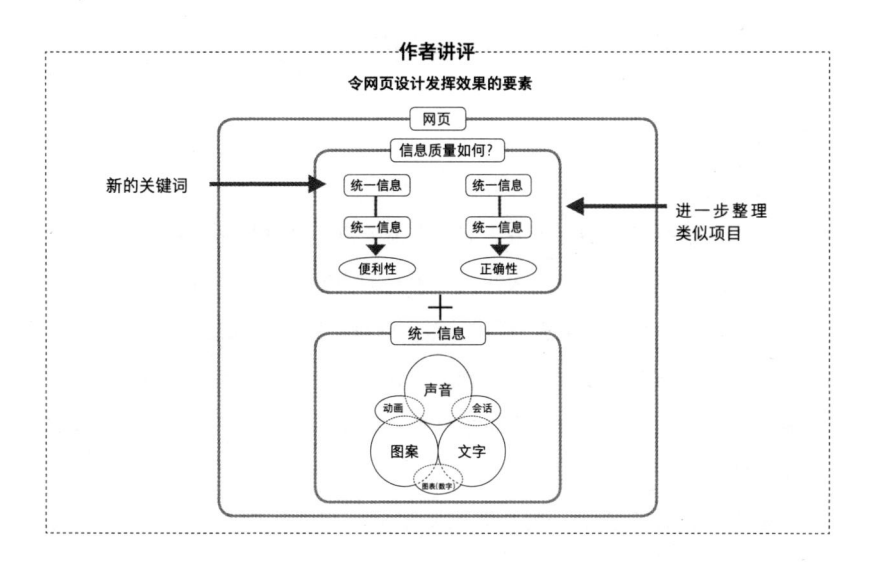

令网页设计发挥效果的要素

- 网页
  - 信息质量如何?
    - 统一信息 → 统一信息 → 便利性 ← 新的关键词
    - 统一信息 → 统一信息 → 正确性 ← 进一步整理类似项目
  - ＋
  - 统一信息
    - 声音、动画、会话、图案、文字、图表(数字)

网"（http://www.hisatune.net）。请各位务必来看一看这个网站，实际确认一下这个网站在上述两个要素方面表达得如何，也欢迎大家告诉我。

绘制图解时，**先从自己的经验出发，将思考系统化、泛用化，之后再重新将系统化的思考应用在自己熟悉的事物上**。在这两道作业之后，图解才能真正内化为自己的一部分。

思考图解能否应用在其他领域

在这个图解中出现的关键词是"**高索引力**"与"**最新信息**"。

让我们也来思考看看，这两个关键词在网页之外的其他媒体上是否也能适用。

对报纸来说，最重要的要素无疑是刊登最新信息。独家新闻之所以被认为具有高价值，正是因为它是世人未知的最新消息。

报纸的索引力又是如何？《日经产业新闻》过去曾有一段时间在报纸上附加了企业名称索引，不过，基本上报纸是一种既没有索引，也没有目录的媒体。因此从这一点来看，报纸的索引力并不高。但是，报纸以它独特的排版方式，例如标题与文字大小的变化，来表达各则新闻的重要度。即使我们随意翻阅报纸，也能很快找到重要的新闻，所以报纸仍可以说是一种具有高索引力的媒体。

也就是说，报纸这种媒体，是以我们在这一堂课中提到的"最新信息"与"高索引力"支撑其身为媒体的价值。

杂志的情况又是如何？杂志同样需要持续刊登最新信息，并在目录与排版上下功夫，让读者能很快找到想看的内容。所以，我们可以说杂志的"最新信息"与"高索引力"同样是其媒体价值的核心。

只是杂志的种类很多，有周刊、旬刊、月刊、双月刊，等等，其更新频率各有差异。依不同的杂志思考其更新频率与信息质量的关系，也是件有意思的事情。

那么，商务人士制作的报告又是如何？在做报告时，其实"最新信息"与"高索引力"也是提高报告价值必备的要素。

这样一路思考下来，我们可以发现，"最新信息"与"高索引力"是许多不同媒体间共通的重要元素。

以自己的方式思考各种不同的应用领域，就能让有关网页的理论有效地活用在许多不同的地方。

将图解升华为思考零件，加速思考

各位是否已经注意到，Step 3 的下半部分跟第 10 课 Step 2 的上半部分竟然一模一样？

动脑对图解深入思考后，每张图都会慢慢累积成为我们的思考零件。"这里好像可以直接代入当初思考另外那张图时想出来的图解？"如此一来，在绘制其他图解时，从图解中累积的思考零件也能派上用场。

好的思考零件累积得越多，越能更快更好地绘制图解。

比方说，上司命令："做一篇关于这个的报告给我。"这时，已经累积了许多"图解零件"的人，只要把思考过的零件拿来重新组合，就能在短时间内绘出一张图。以该图解为基础做完一篇报告并提交给上司，可能会让上司大吃一惊："什么？已经完成了吗？"在职场上，这足以让你脱颖而出。

要把文章当成思考零件记在脑中，是一件极为困难的事。不过，如果是单纯的图解，那么既容易记住，也能直接拿来当成思考零件使用。各位在这堂课的案例中就可以清楚看到，Step 3 的图直接借用了第 10 课 Step 2 的图解零件，没有经过任何修改。

最近，"逻辑思考""理性思考"成为风潮，媒体也介绍了许多作为思考框架使用的工具。把事物直接嵌入现成框架中进行思考，也是一种在短时间内整理思考的有效方法。但是，这毕竟是从别人那边借用来的东西。与其如此，不如靠自己不断尝试错误，设法画出图解。在这样的情况下画出来的图解，才能在不测之时真正帮得上忙。让我们不断尝试各种图解，以**累积大量能够广泛使用的图解零件吧**。

运用图解思考，不仅能提高我们思考的质量，也能提高我们思考的速度。尤其是在重视速度的现代社会，图解思考更能够发挥其作用。

▼ 这样图解就对了！

- 汇总类似的项目，就能做出一张整理得很好的图解。
- 把经验系统化、普遍化后，重新将其应用在具体经验上。这道作业能让图解真正内化为自己的思考。
- 累积大量使用广泛的图解零件。

第 13 课　图解，持续进化中

如何掌握图解的框架？

让图解的整体架构更明确

接下来，作为图解主题的是《信息焦虑 2》一书"赋权：新世纪的语言"中的内容。

沃尔曼在这个部分提到，超出上司指示的范围，让下属拥有自己判断的自由，将达到提高下属能力的效果。当然，这并不是赋权给下属完全的自由，而是在上司设定的范围内拥有自主权。如果上司要为下属指示所有细节，那么下属将没有任何自由，只是纯粹依照上司命令执行。如此一来，下属对工作的热情自然不会太高，也会丧失自我判断能力。

然而，如果设定容许范围之后再赋予下属自主权，下属因受到激励会发挥独创的想法，对团队的参与感也会更高。这样一来，无论是对下属、上司还是组织来说，都是有益的事情。

所以，为了提高下属的能力，沃尔曼认为身为上司应该给予的是"启发型指示"。

Step 1 是对沃尔曼这段内容的图解。Step 1 中，将指示的方式分成两类，并对两者间的差异进行了图解。图中"充分型指示"与"启发型指示"这两个关键词，直接引用自原文。读过《信息焦虑 2》一书的人也许能从文章中知道"充分型指示"与"启发型指示"之间的差别，但是，对于只看过这张图的人来说，可能不了解这两个词的意思究竟是什么。

所以，我和学生讨论，在 Step 2 中把这两个词修改成更易懂的"细节型指示"与"大局型指示"。另外，由于沃尔曼主张"赋权型指示"是重要的方式，所以我们必须在图中表达出细节型指示是"×"，而大局型指示是"○"这种关系。并且，我们在两者中间拉出一个箭头，将图解设计为由"细节型指示"变化成为"大局型指示"的架构。

Step 1

启发型指示能够提高下属能力

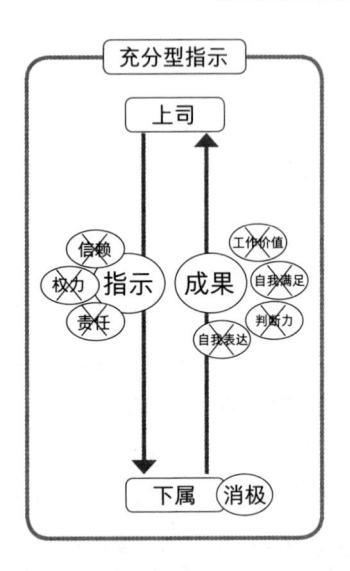

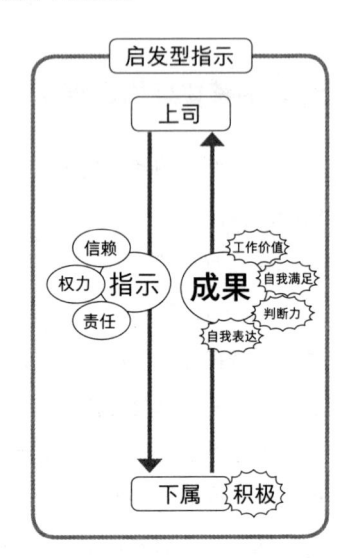

充分型指示

上司 → 信赖/权力/责任 → 指示 → 成果(工作价值✗/自我满足✗/判断力/自我表达✗) → 下属（消极）

启发型指示

上司 → 信赖/权力/责任 → 指示 → **成果**(工作价值/自我满足/判断力/自我表达) → 下属（积极）

- 所谓的"赋权"，就是授予权力与责任。
- 因赋权者（上司）的认可与激励，以及获权者（下属）的接受而成立。

作者讲评

启发型指示能够提高下属能力

两者是并列关系？ → （充分型指示图）

不易理解 → （启发型指示图）

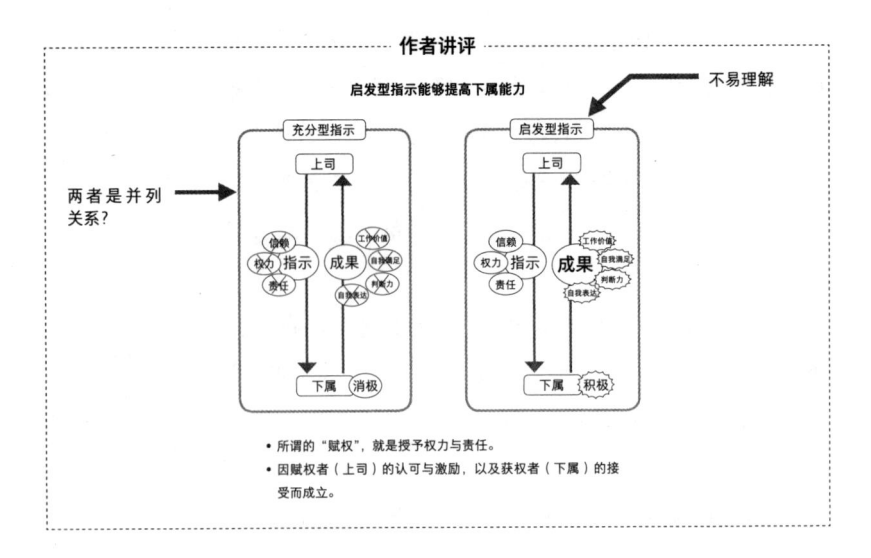

- 所谓的"赋权"，就是授予权力与责任。
- 因赋权者（上司）的认可与激励，以及获权者（下属）的接受而成立。

Step 2

上司指示大局就是赋权

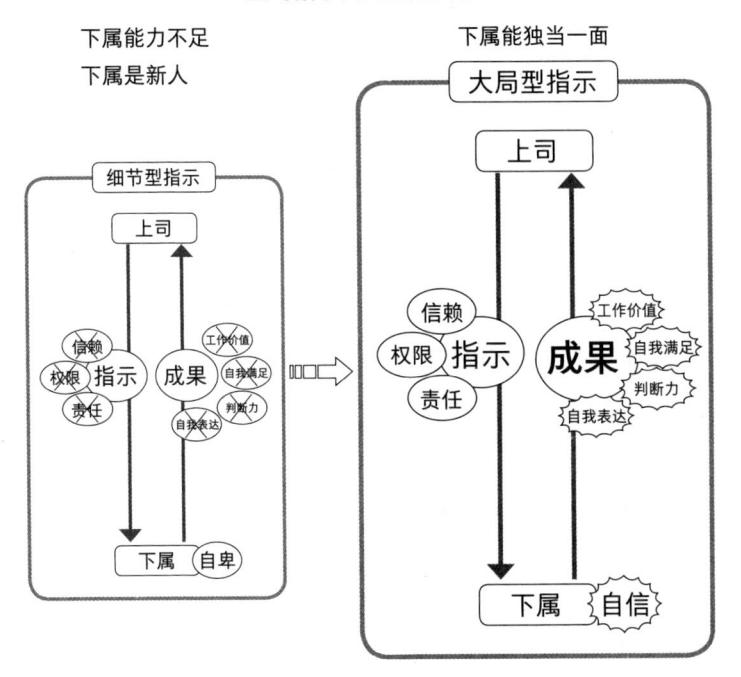

下属能力不足
下属是新人

细节型指示：上司 → 信赖/权限/责任 → 指示 → 成果（工作价值/自我满足/判断力/自我表达）→ 下属 自卑

下属能独当一面

大局型指示：上司 → 信赖/权限/责任 → 指示 → 成果（工作价值/自我满足/判断力/自我表达）→ 下属 自信

- 在大局型指示中，上司对下属授予权限（预算、人力资源）及信息，下属则负有达成成果的责任。
- 大局型指示必须建立于上司和下属间的信赖关系上。

作者讲评

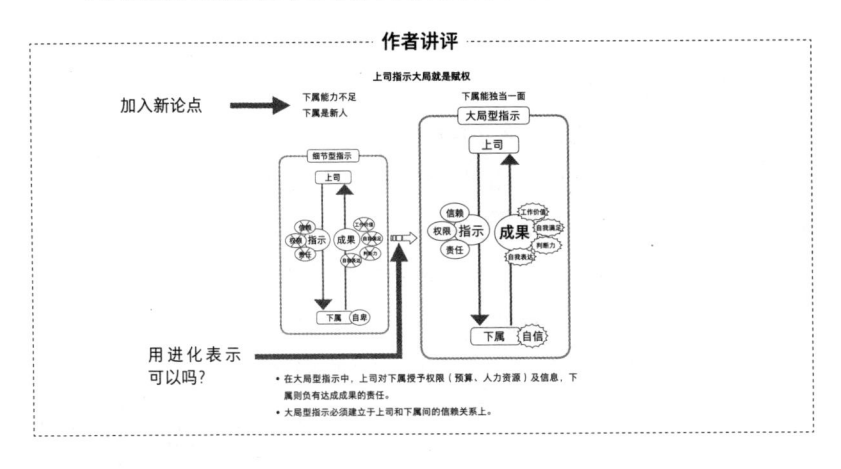

加入新论点 →

上司指示大局就是赋权

用进化表示可以吗？

- 在大局型指示中，上司对下属授予权限（预算、人力资源）及信息，下属则负有达成成果的责任。
- 大局型指示必须建立于上司和下属间的信赖关系上。

另外，虽然是小细节，但是我们一般不会说上司赋予下属"权力"。这里的"权力"应该改成"权限"。此外，为了凸显消极与积极的对立关系，我们把它改成"自卑"与"自信"两个关键词。

反复推敲能够正确表达内容并强调对称关系的词语，是一件非常重要的事。

除了对几个细节的修正之外，其实 Step 1 已经表达得非常好。图的左侧部分，"信赖、权力、责任"与"工作价值、自我满足、判断力、自我表达"的圆圈都被打上 × 号；右侧部分的"工作价值、自我满足、判断力、自我表达"则以星形框强调，表示"成果"的圆圈也被放大。也就是说，充分型指示只能得到指示范围内的成果；启发型指示能得到大于指示范围的成果——这个架构已经充分表达了原作的内容。

经验的累积改变了图解架构

那么，让我们以 Step 1 为基础，进一步深入思考"管理"这件事情。只可惜，做这张图的学生没有管理经验，所以我将以这张图解为基础，加入我的经验进行讨论。我也曾针对这个问题和有职场经验的人互相交流，所以在 Step 2 及 Step 3 的图里会纳入他人的观点。

我曾担任企业内部的管理层，对于沃尔曼的想法其实无法百分之百认同。因为我心中涌出了一个疑问——是否真的如沃尔曼所述，只有大局型的指示才能提高下属的能力？

所谓下属，其实包含许多不同的下属，比方说，有职场经验丰富的资深工作者，也有无法独当一面的职场新人。对于这些背景不同的下属，我并不认为一视同仁地给予大局型指示是个好方法。

在下属能力不足，或者是新人的情况下，指示中包含细节才能让下属不出错。而且，经由这样的过程，也能让他更快熟悉工作内容。

"在这个范围内，你可以自由处理！"即使给完全没有工作经验的新人这样的指示，他应该也很难了解要"如何"自由处理"什么事"。对此我曾与其他有管理经验的人讨论，发现我们的看法大致相同。

所以，我在 Step 2 中加入了一个新的论点——管理方式应该因人而异，即根据下属的能力与经验进行调整。

另外还有一个疑问：对于下属只赋予权限和责任就足够了吗？大多数企业在授权时，赋予下属的通常是预算与人力资源的权限。但是，我认为正因为没有把"信息"包含在内，所以无法顺利推展赋权这件事情。

如果授权与信息提供没有同步，就无法真正产出成果。所以，我在 Step 2 中加进了论点。像这样把自己的经验与知识加进图中，能让图解更有真实感。

图解架构随着思考的深入而变化

在 Step 2 中，还有一个怪怪的地方，就是中间的箭头。在实际的管理现场，必须灵活运用这种指示方式。所以，箭头改成两个反方向的单箭头比较妥当。

一般来说，管理学大多会把这两者的关系以从旧理论转换到新理论的"进化论"的方式论述，但在实务层面两者却各有必要。

以赋权的案例来说，要达成目标不止一种方法。有弹性地巧妙运用各种方法，是一件重要的事情。

如此一来，图的左侧部分也不需要缩小。在下属的能力还不足时，采用左侧部分的指示方式，更容易达成目标。

当然，如果能快速培养下属的能力，尽快给予其大局型指示，管理自然就更轻松。

在这里，还希望各位思考另一个轴——时间轴。比方说，必须在短时间内实现工作目标的话，给予细节型指示比较好。相对而言，如果是长期的工作，只给予大局型指示也可以。所以，除了下属的能力之外，任务的紧急度也是判断使用何种管理模式的重要因素。因此，我们把标题也改成

"上司的指示方式应视情况而定"。

身为一个管理者,应该拥有灵活丰富的管理方式,视情况运用最适合的模式。

到这里相信大家已经发现,一路思考下来,甚至连图解的架构都已经发生变化。

一开始,我们依照原作把图解画成"左侧是×,右侧是○"的对立结构(从 Step 1 到 Step 2 的阶段)。但是,经过"真的是这样吗?"的深入思考过程之后,图解变成"左右两边都是必要的",呈现并列结构(Step 3)。**在图中加入时间轴,使结构由对立变化为并列,在想法上是一个非常大的转变。**

正是因为绘成了图解,才有办法完成深度思考。图解思考能使人闪现出解决问题的方法,也是因为图解思考有办法让事物的整体架构产生变化。

拓宽视野就会有新想法

到达 Step 3 的阶段,就已经完成了初步架构。但是,还不能说这张图已经完成,因为尚有无数个改进方法。如果打开眼界,还能让这张图的质量进一步提高。

比方说,如果在图中加进"客户"的观点,图解会变得如何?我不断强调这一点,是因为如果在商场被问到成果来自何处,答案无疑是从"带给客户满足"而来。这张图中,成果是由下属提供给上司的。但是,原本的"成果"应该指企业对客户有所贡献,进而从客户身上得到好的回馈。而这一切的总和,才会变成"公司的成果"。

在本篇中,我们的图解仅分析到上司与下属两个人之间的关系便结束了。如果加上客户的角度,便能出现更为不同的看法。再扩大范围去思考的话,图解的世界便会更加多样,而自己的思考也能随着图解越来越宽广。

Step 3

上司的指示方式应视情况而定

命令型指示

上司 ← 指示（信赖、权限、责任）→ 成果（工作价值、自我满足、判断力、自我表达）→ 下属　自卑

大局型指示

上司 ← 指示（信赖、权限、责任）→ **成果**（工作价值、自我满足、判断力、自我表达）→ 下属　自信

达成目标的时限：短期 ←——→ 长期

下属的能力：不足 ←——→ 足够

作者讲评

上司的指示方式应视情况而定 ← 配合内容的改变调整标题

改成双向互动

时间轴让图的架构发生改变

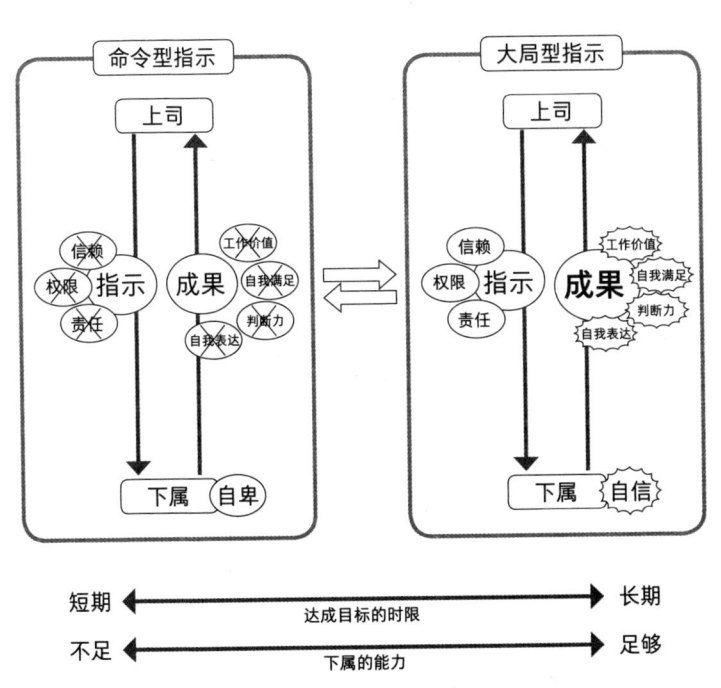

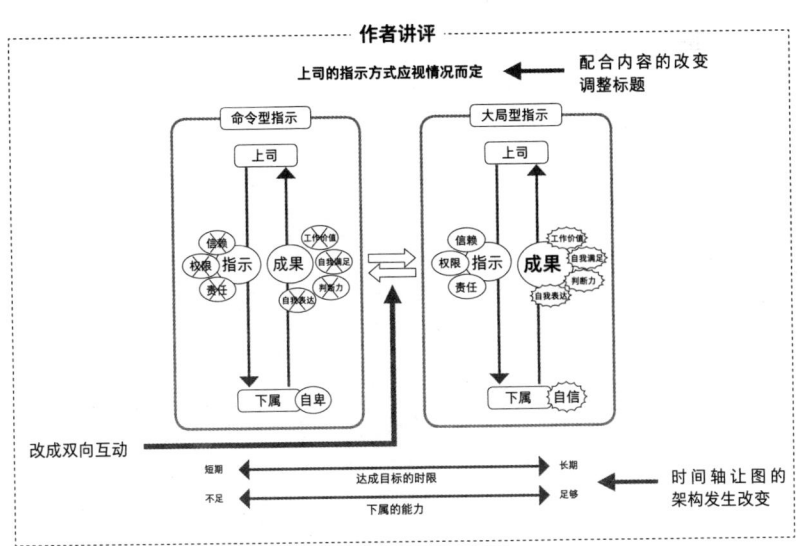

▼ **这样图解就对了!**

- 仔细推敲能够正确表达内容,并强调对称关系的词语。
- 把自己的经验与知识加进图中,能让图解更有真实感。
- 在图中加入时间轴,有时会让原以为对立的结构在更大范围里变成双方共存的并列关系。

第3章 Just Do It!
应用篇　图解，是展现个性的表达法
—— 动手做图解，感受图解沟通的力量

第14课　动手练习图解论文
第15课　动手练习图解报纸专栏
第16课　动手练习图解报纸社论
第17课　动手练习图解电子报
第18课　动手练习图解广告
第19课　动手练习图解报纸专栏
第20课　图解你的工作

第14课　动手练习图解论文

如何图解内容扎实的文章？

■ 切入点不同，表达方式也会大为不同

本课的图解素材出自 2000 年 1 月 11 日《日本经济新闻》早报"经济教室"专栏中寺岛实郎撰写的论文《对于美国经济的提问——紧盯本质性结构问题》（原文刊载于本课最后）。

寺岛实郎曾任日本三井物产策略研究所所长，以及财团法人日本综合研究所理事长，是国际关系与经济方面的知名学者。我跟他第一次见面，还是他在三井物产担任代理课长时的事情，至今我们已有二十多年的交情。但每次与他见面时，都会给我新的刺激。

我常有机会听寺岛先生演讲，他的演讲总是能够反映时代变化，即使讲的是同一个主题，每次也都充满全新的真知灼见。想必他拥有非常扎实的思想架构，因此一有新信息，就能依循自己的思考架构消化思考吧。即使现在拜读这篇论文，仍会让我深感他的思考架构依然适用。

本课将列举 4 位学生的图解实例。相信这能让读者明白，虽然图解的是同一篇文章，但是每个人都有不同的切入点与表达方式，因此画出来的图也大为不同。

这就是图解的乐趣。前面我们也提到过，图解并没有绝对的正确答案。即使面对同样的素材，切入点与表达方式也因人而异。换句话说，图解同一个素材，正确答案会有很多个。

在第 3 章中，我们会针对每个图解解说其特点与可以改进的地方。但是，本章最主要的目的是希望读者能从中感受到"看事情的角度有很多种""表达图解的方式可以如此不同"，进而了解图解有多么丰富的变化。如果说第 2 章是让各位读者了解图解"深度"的一章，那么第 3 章就是让大家了解图解"广度"的一章。

本课中提到的《日本经济新闻》"经济教室"专栏中，专门刊登了专家学者们呕心沥血撰写的文稿。短短的文章充满许多智慧，内容极为丰富扎实。甚至对有些文章，如果缺乏相关基本知识，即使读过也难以理解。

寺岛先生的这篇论文是知识密度非常高的一篇文章，想要用一张 A4 纸图解很不容易。底下的几个实例，是我明知这一点，还要求学生们勇于挑战而绘制的图解。有些论点会让人觉得只看图无法了解原文重点，所以如果有必要，请先阅读后面的原文。

避免树形图过于扩散

接下来，让我们仔细看看各张图解。

图 14-1 是一张画得很用心的图解，用了很多种不同的圆圈和方框，包括方角的长方形、圆角的长方形、加底纹的方框、星形框与对话框，变化相当丰富，甚至还想到用美国国旗做背景，看得出来下了很多功夫。

而且，整张图的阅读顺序自"美国经济的本质问题"开始，像卷轴一般由左向右展开，非常清楚易懂，完全不会混乱。

图 14-1 是由一个要素为起点渐渐展开的图，我们称之为树形图。借由树状结构，能清楚表达问题的结构和衍生要素，我建议读者们记住这种结构。不过，在画树形图时，必须留意 3 个地方，在此我会详细说明。

所谓的树形图，就如从树干开枝散叶一样，特征是由"树干→树枝→树叶"不断展开。这本身绝非坏事，不过，如果稍不注意，连内容也扩散开来，最后可能会搞不清楚什么才是关键，不了解结论究竟是什么。

图 14-1 的情况就是这样。一眼看过去，根本看不出到底哪里是重点，焦点在哪里。如此一来，会减弱这张图的冲击力。如果是自己用于理解的图解也无所谓，但如果是用于传达给别人，那么这张图可能会欠缺想要传递的信息，而这正是图解最被重视的要素。请大家务必留意这一点。

树形图的第二个问题，在于展开的要素彼此都为并列结构，难以使人理解它们之间的关系。图 14-1 也是如此，一路往右边分解出去，每个要素都处于并列的状况。虽然文字写在圆圈或方框里面，但本质上和条目式写法一样。如此一来，对分解到最后的那些要素，很难让人看清它们之间的关系。

比方说，最右边的"美国企业的业绩不振"与"股价下跌"这两个要素应该不是彼此无关吧？业绩出现隐忧，股价自然会受影响。反之，股价下跌会导致信用评价受损，从而对业绩造成不良影响。请各位注意，树形图的末端，也就是这张图最右侧的各个要素之间，常存在某些关系，因此有必要对这个部分多做一些缜密的思考。

绘制树形图时，必须注意的第三个问题，是图解会失去立体感。这张图的阅读方向是由左往右，但是，既然我们绘制的图解是表达在二维空间的，那么可以充分利用纸的纵向部分，试试看能不能使用具有立体感的表达方式。如果图解的阅读方向单纯是由左往右的话，就与文章没有区别了。所以，为了让图解异于文章，不只是横轴，纵轴也应该充分活用。

图 14-1 是一张简洁又好看的图，看得出来运用了许多技巧，花费了很多工夫才完成，但还是有好几个地方落入了树形图的陷阱。如果能留心这些细节，相信这张图会成为一张更好的图解。

除此之外，图 14-1 还有两点值得改进的地方。其一，是图中并没有详细说明各区块，即树形图的各个阶层分别代表什么意义。**位于同一阶层的要素，使用同种类的框（圆圈或椭圆等）是基本原则**，在此基础上标出各阶层的意义，就能一目了然。比方说，在最右栏星形阶层的最上方加上"隐忧"这个关键词；在右数第二栏椭圆形阶层的最上方加上"具体事实"这个关键词，就能一清二楚。希望各位读者养成在各个阶层标出解释说明的关键词的习惯。

如果无法找到足以代表整个阶层的关键词，就表示该阶层的各个要素如同一盘散沙，整体架构没有整理好。如果发生这种情况，有必要重新思考各个要素是否得当。

第二个值得再改进的地方，是这张图里混杂了两种箭头，有表达"某个事项的原因是什么"的细箭头，也有表达"原因造成结果"的粗箭头，导致每个箭头分别代表什么意思，让人不容易理解。

要避免造成阅读混乱，只要在箭头旁边加上简短的说明文字就可以了。**只要加进"因为""所以"等字眼，箭头表示的因果关系就会非常清楚。**

按上述各个要点重新调整一次细节的话，表达就更为精确。

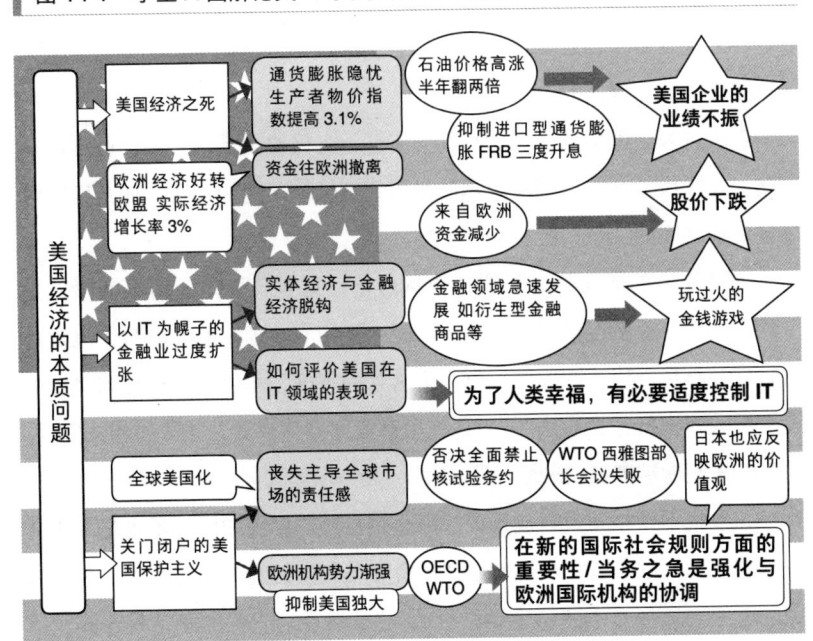

图 14-1　学生 A 图解论文"对于美国经济的提问"

分成几个大区块

图 14-2 试图将所有要素之间的关系拆解到最细。看得出做这张图非常辛苦，也肯定花费了许多时间。

可惜这张图让人眼花缭乱，不知道究竟该从哪里读起。再加上箭头交错，反而让人难以看清要素之间的关系。

此时，一个不错的方法是先做几个大区块以掌握整体。

这张图过于注重阐明细微要素之间的关系，欠缺从大框架掌握整体的鸟瞰视野，有点陷入"只见树木不见森林"的状态。

在绘制图解时，首先要从整体架构着手。先将各要素分到不同的大区块里，在确定了各区块间的关系后，再对每个区块的细节进行图解。

比方说，在这张图里，我们可以把资料分成美国经济、欧洲经济、亚洲经济三大区块。仔细观察图14-2，我们会发现虽然美国经济的比重特别大，但大体分为三大区块并无错误。只不过，由于箭头太多、交叉太庞杂，让人实在看不出这张图解分成了三大区块。如果能更明确地划分三大区块，应该会更好。

三大区块之间的关系，以粗箭头表达；各区块内部的关系，以细箭头表达。这样做的话，该箭头表达的是区块与区块之间的关系，还是区块内部各要素之间的关系，就能一目了然。

寺岛先生的原文详细解说了美国经济，但是，可能因篇幅所限，关于欧洲经济与亚洲经济着墨不多。此时，要抱有"即使原文没写，也要自己研究并补足，以让图解内容更为丰富"的态度，尽可能找出提到"寺岛先生对欧洲抱持什么看法""寺岛先生对亚洲抱持什么看法"的相关资料，这样一来就能扩大自己的学习范围。

如果找不到相关资料或报道，那么用自己的思考加以补足也是方法之一。事实上，没必要完全照着原文作者寺岛先生的意见进行图解。自己研究、思考之后再着手图解也是可行的。"虽然寺岛先生的意见是这样，但是我并不认同。"如果有这样的情况，就将自己的思考加进图解里。试着图解看看你与作者究竟在哪些地方的看法不同，也是一种学习。

"研究原文里没出现的部分，并且补充到图解里面。"如果能抱持这种态度，那么这张图解中欧洲与亚洲区块的内容一定能变得更充实，而美国、欧洲、亚洲这三大区块的比重也会显得更均衡。而且我相信，在研究的过程中，自己的思考也会变得更深入。

附带一提，图14-2的优点是，它是4张图中唯一写着结论的图。其他的图不是没写结论，就是让人看不懂哪个是结论。图 14-2 在图的最下方明确地写出：别容许美国的独善其身！加速强化与欧洲国际机构之协调！这是值得称许的一点。

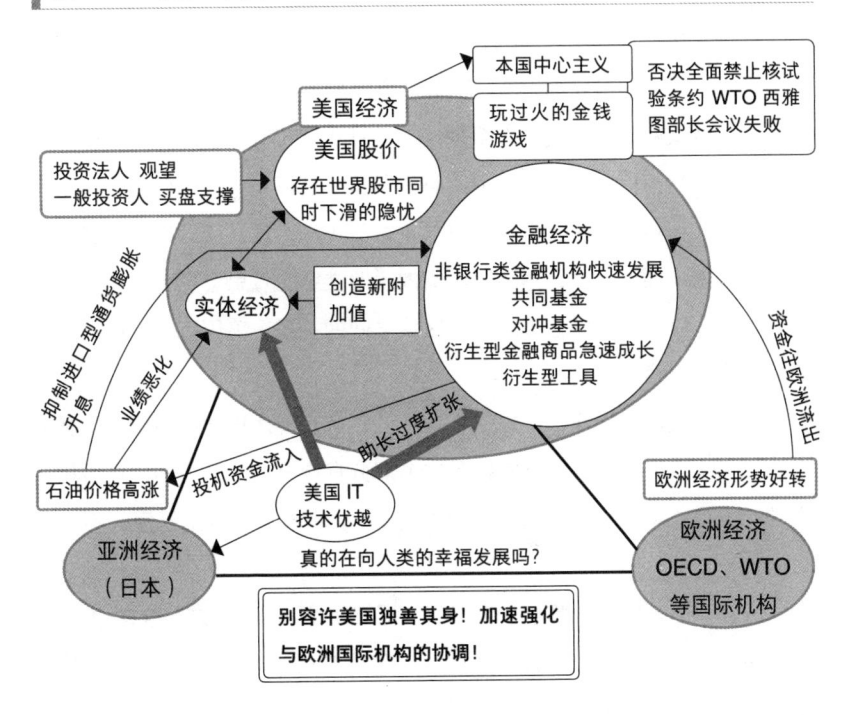

图 14-2　学生 B 图解论文"对于美国经济的提问"

```
                            本国中心主义          否决全面禁止核试
                    美国经济                    验条约 WTO 西雅
                            玩过火的金钱         图部长会议失败
                    美国股价  游戏
  投资法人 观望
  一般投资人 买盘支撑  存在世界股市同
                     时下滑的隐忧
  抑                                              资
  制                          金融经济             金
  进     实体经济  创造新附    非银行类金融机构快速发展  往
  口              加值         共同基金            欧
  型                          对冲基金            洲
  通                          衍生型金融商品急速成长  流
  货                          衍生型工具          出
  膨          业               助
  胀          绩       投      长
  升          恶       机      过
  息          化       资      度
                      金      扩
                      流      张
  石油价格高涨          入              欧洲经济形势好转

                     美国 IT
                     技术优越                   欧洲经济
    亚洲经济          真的在向人类的幸福发展吗？   OECD、WTO
    （日本）                                    等国际机构

              别容许美国独善其身！加速强化
              与欧洲国际机构的协调！
```

在图中加入"我"

图 14-3 清楚地划分成几大区块，版面安排得清楚易懂。然而，上方的两个区块和下方的两个区块的主题差异相当大。遇到这种情况时，在每个区块加上标题，就能让人更容易理解。

上方的两个区块主要着眼于经济，左下方的区块主要着眼于政治。根据着眼点把信息分成政治面与经济面，是非常清楚易懂的切入方式。其次，只要在表达方式上多花点心思，就会是一张很好的图解。

如果一定要指出这张图中不易懂的地方，那就是"美国"这个关键词一共出现了4次。4个圆圈里都写着"美国"，但是切入点却各不相同，这很容易造成读者的混淆，一时之间弄不清楚究竟是怎么回事。如果能把这几个圆圈全部整合在一起，或是整理为"在描述美国的什么局面"，应该就能讲清楚。

此外，区块与区块之间的相关程度也不清晰。尤其是上方的区块与下方的区块，如果能多仔细思考一下彼此之间的关系，会让图解更好。

上方区块刚讲完"美国在金融·IT领域表现优异"这个结论，下方马上跳出"轻易相信金融·IT是危险行为"这个负面结论。这两者在图中并没有以箭头相连，但是，由于其论点正好是一正一反，所以把这两者用箭头联结起来，加上一句"然而"之类的说明文字，意思会更完整。大家绘制图解时，应该像这样仔细思考各区块之间的关系，善用箭头，让彼此之间的关系更明确。

而且，我建议删除"美国在金融·IT领域表现优异"这句话，从其上方的"实体经济与金融经济脱钩"这个部分直接拉一个箭头到"轻易相信金融·IT是危险行为"，让论点一致，读者读起来也能清楚易懂，不至于混乱。

另外，请各位特别留意一个细节，那就是像"金融·IT"这样用"·"符号连接的表达方式。一般来说，"·"表示并列，不过实际上"·"的使用方式相当暧昧，很多人常常没有想太多，就随意使用"·"将两个要素连接起来。然而，其实可能两者之间存在某种关系，比如"A and B""A in B""A with B"等各种关系。

说到IT与金融的关系，现实的情况是IT已在金融工学与衍生型金融商品等领域成为金融的支柱。用文字表达其关系的话，应该是"金融 with IT"。所以，请大家切勿轻易使用"·"连接两个要素，而应培养**思考以"·"连接的要素之间有何关系**的习惯。

话说回来，图14-3是4张图中唯一明确出现"日本"这个要素的图。这个着眼点非常值得称赞。因为寺岛先生的文章虽然描述了美国经济的问题，但论述的总结却是"所以，日本应该选择什么方向？"因此，把"日本"这个切入点加进图中，是非常重要的一个体现。

绘制图解时，把"我"这个要素放进图解中，能让整体的焦点明确。这张图中放入的正是相当于"我"这个要素的"日本"。而且，这张图把日本配置在图解正中央附近，也很容易让人注意到"日本"。此外，如果能把"日本"画得再大些，让它更明确地成为图解的中心，那就更好了。

我们可以看出，图 14-3 非常想要明确主角"日本"的方向性。

"日本不应该只注重美国观点，也要纳入欧洲的价值观。"寺岛先生在文章中提出这样的观点。如果能在图解中以更浅显易懂的方式表达这一结论，那就更好了。

即使是寺岛先生在原文中没有写到的观点，在自己动手图解时，也可将思考之后的观点加进图解里。比方说，如果你认为美国观点较倾向于"胜者为王"的精神，而欧洲由于社会民主主义的政党力量较强，比较重

▌图 14-3 学生 C 图解论文"对于美国经济的提问"

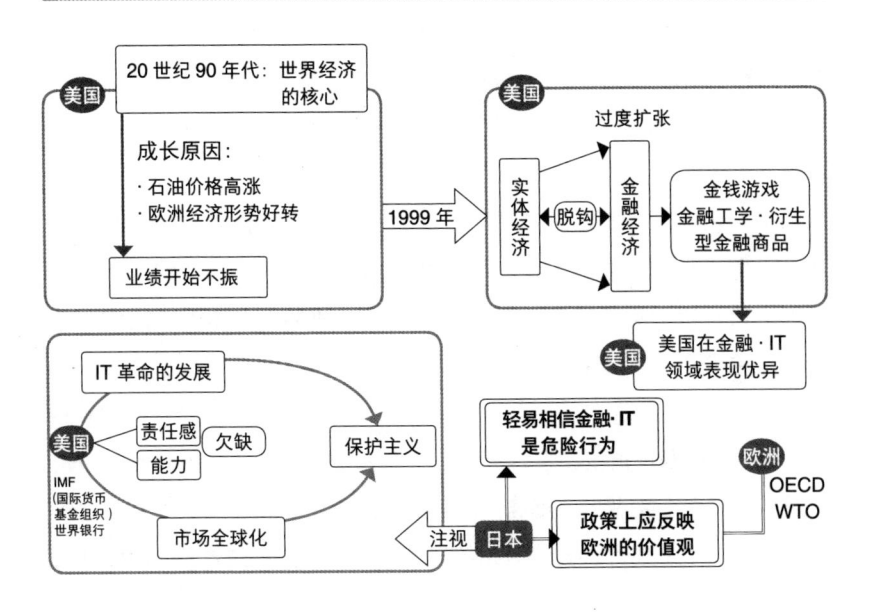

视"济弱扶贫"的精神,那就把从这些观点出发的问题意识画进图里。然后从中导出"日本应该在胜者为王与济弱扶贫的精神之间取得平衡"的结论,这也是可行的方式。

读完一篇报道之后,不仅要图解报道的内容,也要以自己的方式研究相关事项,画出更深入的图解。如此一来,才能提升图解的技巧与思考力。

尽量减少文字量

图 14-4 和图 14-2 一样,让人弄不清楚该从哪边开始阅读。第一眼看去,很容易误以为最下面的粗体字是结论。但是,真正的结论却是位于右上角的"应不偏不倚地钻研问题的本质……"。

图 14-4 的阅读顺序是从下往上,所以容易使人分不清楚该从哪边读起。

一般来说,我们习惯从上往下阅读。所以如果是横向文章的话,阅读方向通常是由左上往右下。我们会在无意识中觉得结论应该在最下方,所以绘图时尽量将阅读顺序设计为由上往下。如果不得不从下方开始,就应该明确标出起始点,并且在每处以数字标上阅读顺序。

图 14-4 还有一个特征,就是文字量相当多。如此一来,如果不认真阅读每个要素,就无法理解内容。包括商务人士在内的大多数人,生活都相当忙碌,需要花太多时间阅读的图解,容易让人敬而远之。此外,人们通常无法立刻记住一大篇冗长的文章,所以这样的图解最终很难给读者留下深刻的印象。只由关键词构成的简单图解,比较容易让人印象深刻。所以各位在绘制图解时,一个圆圈里的文字最长不要超过一行。

在图解中塞进很多文字,应该是绘图者希望传达正确内容的想法相当强烈。诚然,要做出"正确"图解的态度是非常重要的。但是,这毕竟是图解,不是文章,我认为图解应该表达出与文章的差异。即使可能需要牺牲一点点正确程度,也请各位**尽量减少文字量,练习只用关键词架构出图解**。

图解完毕之后,重新下标题

顺带一提,本课中 4 张图解的标题全都是原文标题"对于美国经济的提问"。原文标题固然需要标注在数据出处里,但既然是自己绘制的图解,其实没有必要采用原文的标题,而应配合自己想传递给读者的信息调整标题。

图 14-4　学生 D 图解论文"对于美国经济的提问"

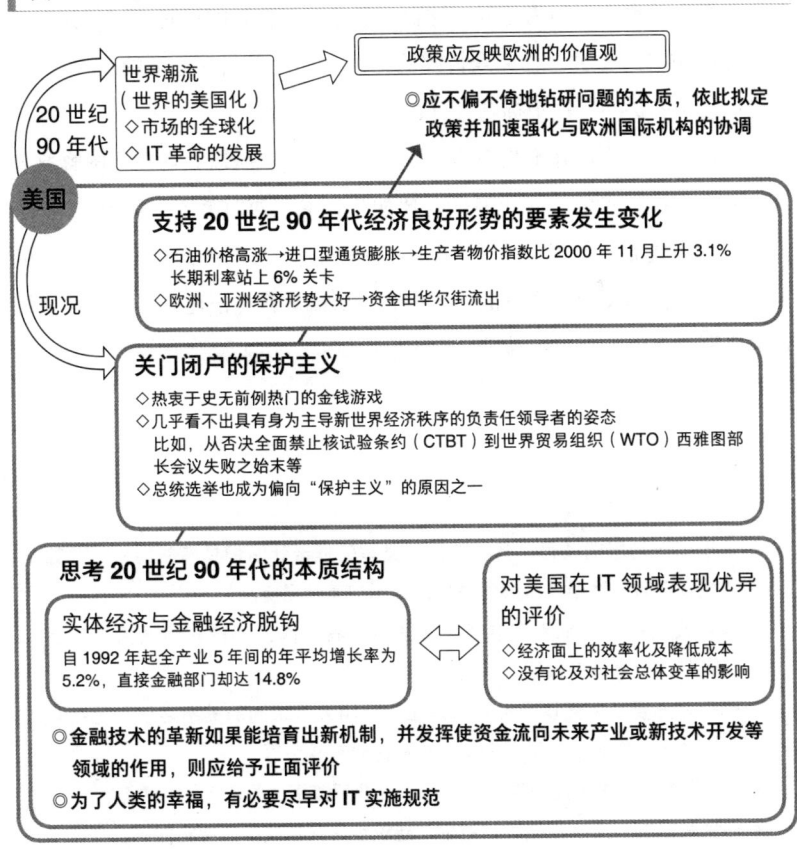

```
                                    ┌──────────────────────────┐
        ┌─世界潮流─────┐  ──▶ │ 政策应反映欧洲的价值观 │
 20 世纪 │(世界的美国化) │       └──────────────────────────┘
 90 年代 │◇市场的全球化 │       ◎应不偏不倚地钻研问题的本质,依此拟定
        │◇IT 革命的发展│          政策并加速强化与欧洲国际机构的协调
        └──────────────┘
 美国
        ┌──────────────────────────────────────────────────────┐
        │ 支持 20 世纪 90 年代经济良好形势的要素发生变化        │
 现况   │ ◇石油价格高涨→进口型通货膨胀→生产者物价指数比 2000 年 11 月上升 3.1%
        │   长期利率站上 6% 关卡
        │ ◇欧洲、亚洲经济形势大好→资金由华尔街流出
        └──────────────────────────────────────────────────────┘
        ┌──────────────────────────────────────────────────────┐
        │ 关门闭户的保护主义                                   │
        │ ◇热衷于史无前例热门的金钱游戏
        │ ◇几乎看不出具有身为主导新世界经济秩序的负责任领导者的姿态
        │   比如,从否决全面禁止核试验条约(CTBT)到世界贸易组织(WTO)西雅图部
        │   长会议失败之始末等
        │ ◇总统选举也成为偏向"保护主义"的原因之一
        └──────────────────────────────────────────────────────┘
        ┌──────────────────────────────────────────────────────┐
        │ 思考 20 世纪 90 年代的本质结构                        │
        │ ┌────────────────────┐       ┌─────────────────────┐
        │ │ 实体经济与金融经济脱钩│ ⇔ │ 对美国在 IT 领域表现优异│
        │ │                    │       │ 的评价              │
        │ │ 自 1992 年起全产业 5 年间的年平均增长率为│ │◇经济面上的效率化及降低成本
        │ │ 5.2%,直接金融部门却达 14.8%│ │◇没有论及对社会总体变革的影响
        │ └────────────────────┘       └─────────────────────┘
        │ ◎金融技术的革新如果能培育出新机制,并发挥使资金流向未来产业或新技术开发等
        │   领域的作用,则应给予正面评价
        │ ◎为了人类的幸福,有必要尽早对 IT 实施规范
        └──────────────────────────────────────────────────────┘
```

更何况，在书籍和报纸等纸媒上，所谓的标题不见得是从文章内容本质萃取而来的。在第4课中，我们也跟大家提到，其实有许多标题是为了引人注目而起的。尤其是新闻报道或杂志文章的标题，通常不是由作者决定，而是由编辑起的。在这种情况下，编辑可能为吸引读者的注意，起了超出作者原本想象的标题。

这篇文章也是一样，虽然寺岛先生是针对日本未来应该采取的态度提出建言，但文章的标题却是"对于美国经济的提问"。我想，这应该是因为在当初这篇文章见报的时间点，这是一个最好的标题。

当时是美国经济仍然强盛、日本正处于IT鼎盛期的时代，互联网上的金融交易活跃，美国型金融经济倍受重视。"学习美国"的论调充斥于大众传媒中。也许正因为这样，这篇文章才下了这样的标题，以作为对美国型经济敲响的警钟。在大众传媒的论调全都往美国一边倒的时代，"对于美国经济的提问"这个标题具有相当大的冲击力。

但是，正因为这并不是表达文章内容的标题，所以我们在为图解取名时，下个直接一点的标题更易懂。比如"日本切勿向美国一边倒""日本应纳入欧洲式的价值观"或是"日本应平衡美国与欧洲的观点"。原文的标题不一定正确反映了文章的本质内容，所以请各位记住，不要被原文标题迷惑，要聚焦于真正的内容，为图解重新取个好标题。

▼ 这样图解就对了！

- 位于同一阶层的项目，务必使用同类型的框或让它们具有共同特征。如果能在各阶层注明该阶层的意义，则更加清楚易懂。
- 箭头代表的意义并不容易正确传达给读者，因此建议在箭头旁边加上"所以""但是"等说明文字。
- 图解首先要从大区块间的关系开始，阐明大区块间的关系之后，再针对各区块内的细微要素进行图解，这样比较容易整理。
- "·"代表的意思可能有很多种，务必仔细解读相关的两者间的关系。
- 即使是图解，文字也很容易过多，建议练习只用关键词建构图解。

◎自己动手做图解◎论文

寺岛实郎 对于美国经济的提问——紧盯本质性结构问题

（2000年1月11日《日本经济新闻》经济教室）

轻信金融·IT是愚者之举，"关门闭户"让世界接受考验

1. 最近，导致世界股价同时下滑的美股修正，其原因源自对伴随油价高涨而来的通货膨胀的隐忧，以及从欧洲流入美国的投资资金已开始出现撤离的状况。
2. 应注意不断脱钩的实体经济与金融经济，以及对IT（信息技术）的过度评价等美国的结构问题。
3. 如果一并把美国那种关门闭户的态度考虑进来，那么美国要主导世界经济有其难度。综上所述，日本应采取同时重视欧洲式价值观的政策构想。

通膨隐忧与资金撤回

　　20世纪90年代，坚如磐石、成为世界经济核心的美国经济已露出败象。在不到4年的时间之内，道琼斯工业平均指数由5,000点升破11,000点，在2002年初开始进入盘整格局，因此忧心于加速世界股价同时下滑的声音也越来越多。

　　2001年，美国经济即使面对减速的预测，也仍实现了无通货膨胀的持续发展荣景。欧洲经济形势近期也表现强劲，再加上日本与亚洲其他国家看似顺利步上发展轨道，乐观来看，2002年的世界经济可期望美国、欧洲、亚洲三极，加上俄罗斯、东欧、中南美，全部达成实质正成长。然而，如果作为关键的美国经济与美国股价产生动摇，状况就大不相同。

　　应该注意的是，目前市场状况已变成投资法人拥有较多判断信息，对于纽约股市已经采取观望态度；相对地，个人投资者把近一半的金融资产全数投入股市，大举逢低买进。细细思考这个结构，会发现支撑20世纪90年代美国经济持续发展的两大要素，已经出现很大的变化。

　　第一，是石油价格的飙涨。在整个20世纪90年代一直维持稳定的油价，在这半年中暴涨一倍，油价升至每桶超过23美元。当然，石油输出国组织（OPEC）的减产动作对此有所影响，但是对冲基金等资金投入石油与黄金，进行投机交易也是一个因素。

虽说美国消费的石油之中有四成多来自美国国内，但美国是大量消费石油的国家，人均石油消费量为日本的两倍多。因此，原油价格飙升对第一产业产品价格上涨导致"进口型通货膨胀隐忧"的影响甚巨。事实上，2001年11月美国的生产者物价指数已较2000年同月上升3.1%，涨势不小。

一方面也是为了抑制进口型通货膨胀，自2001年6月以来，美国联邦储备委员会（FRB）三度升息，使长期利率站上6%。在这个状况之下，过去享受低利率的美国企业业绩开始不振。

第二，是欧洲经济呈现超乎预期的好转。欧盟（EU）的实际经济增长率在2002年有望达到3%左右。与2001年上半年还在担忧"欧洲失速"的市场预期相比，这是没有料想到的荣景。站在世界经济长期稳定的角度上，为维持世界经济平衡，我们非常乐见欧洲的成长。

然而，美国有2/3的经常收支赤字需要仰赖欧洲的资金才有办法补足（1998年），如果资金因为欧洲经济好转而加速撤回欧洲，可能会对美国股价下滑造成更大的压力。

1987年黑色星期一的导火线，也是源自东西德尚未统一之前，西德变更了金融政策。虽然许多欧洲经济学者认为目前欧盟已跨入货币统一的时代，各个国家难以推行独自的金融政策，再加上德意志银行收购了美国信孚银行等，欧美金融机构相互持股的状况越来越多，目前的环境已和1987年时有很大的不同，但是不易继续向美国投资也是不争的事实。从亚洲经济好转这一点来看，也能发现过去资金流向美国造成华尔街游资涌入的结构，已开始出现变化。

适度控制IT是当务之急

展望美国经济的未来时，有必要探讨20世纪90年代的本质结构。其论点有两个，而事实上，也正因为对这两个论点的认知不同，使得世界对美国经济的评价分成正反两派，讨论更加混乱。

第一点，是实体经济与金融经济脱钩。20世纪90年代美国经济的特色，可谓金融经济过度扩张。尤其是被称为非银行类金融机构的共同基金、对冲基金等直接金融部门呈现急速成长态势。自1992年起，美国国内全产业5年的年平均增长率为5.2%，而直接金融部门却高达14.8%。

值得注意的是，直接金融部门的过度扩张与IT革命息息相关。其中最具代表的就是衍生型金融商品。我们甚至可以说，如果没有互联网引起的IT革命，就不会造成新金融商品的急速成长，也不会改变整个金融环境。

IT支持下的金融呈现过度扩张，这使得论述世界经济时的体系都产生了质变。有一方的观点盛赞在高端金融工学研究支撑下的领域创造出附加值是一种"全新的进步"。另一方面，也有观点针对直接金融部门的过度扩张，质疑其对国民经济带来的作用，批评其为"玩过头的金钱游戏"。

我的看法是，如果是金融技术的革新，若能够培育出像20世纪80年代的融资收购（LBO：以收购对象的资产做担保来融资收购企业）基金或创投基金，甚至是纳斯达克等新机制，并发挥使资金流向未来产业或新技术开发领域的功能，则确实应给予正面的评价。然而，现在美国在IT支持下的金融，已堕落为金融部门内部高超的金钱游戏，对国民经济不具有任何积极意义。

第二点，是对美国在IT领域表现杰出与否的评价。我们确实应该肯定IT在生产、流通、研发、经营管理等所有层面，在提高效率与降低成本方面的贡献；也能理解有人认同美国在IT革命领域的领先，以及强调在股价维持高档的背景下，IT作为溢价要素拥有享受先行者利益的正当性。

可是，关于IT革命对雇用和经营造成的影响，甚至是对社会变革造成的影响，如果仅仅是歌功颂德，会显得太肤浅。这正是我们接下来应该深入讨论的课题。不应只停留在"制定电子交易的规则"这种技术论上，而是朝向人类的幸福，尽早对IT进行适当控制。

政策上应反映欧洲式的价值观

目前世界经济潮流可归纳为"市场全球化"及"IT革命的进行"。不用多说，大家都知道这是源自美国的时代潮流。我们甚至能这么说，以IT革命为杠杆支点的全球化说穿了其实是"全球的美国化"，甚至有句话是"冷战之后美国一极支配"。即使如此，我们不得不承认，倡导全球化的美国已渐渐失去精确主导全球化的能力与责任感。

比方说，如果我们留意从否决全面禁止核试验条约（CTBT）到世界贸易组织（WTO）西雅图部长会议失败的始末，会发现其中存在"关门闭户的美国"的趋势。

超越仅着眼于保护本国利益的自我主张，耐心调节世界上的各种问题，努力达成该有的共识，这才是真正的领导者。但美国的现状却是热衷于史无前例的繁荣中的金钱游戏，几乎看不出其具有主导新世界经济秩序负责任领导者的心态。总统选举将至，也让人不得不忧虑其是否将更进一步向"保护主义"倾斜。

2001年12月上旬，当我为了参加在柏林召开的经济合作与发展组织（OECD）会议而在欧洲各处拜访时，对欧洲知识分子也对"关门闭户的美国"非常担忧这件事，有着深刻的印象。也因为这样，相信未来在制定新的国际规则方面，那些总部设置于欧洲的国际机构将变得越来越重要。

在日本，由于国际货币基金组织（IMF）和世界银行（WBG）等国际机构的总部设于美国首府华盛顿，因此比较受到瞩目。如同"华盛顿共识"（Washington Consensus）这个词的表达方式，总部位于华盛顿的IMF、WBG这类机构，常常反映的是美国的利害关系与价值观。相对而言，OECD、WTO等总部设在欧洲的国际机构，将反映欧洲圈的主张，较容易抑制"美国的独大"。

美国当然会对此感到不快，不过，对日本来说，在美国经济开始动摇的现在，正是日本应该以中立的姿态深入研究问题的本质并依此拟定政策，进而加强与欧洲国际机构的协调的时机。

第 15 课　动手练习图解报纸专栏

如何强调图解的差异化？

文字与图互为对称，让对比更鲜明

这一课中，练习图解的素材是报纸专栏文章，详见 2000 年 12 月 25 日《交通新闻》"交通论评"专栏的《个人与个性的胜利》，这是由日本生活设计系统公司（Japan Life Design Systems）社长谷口正和写的文章（原文刊载于本课最后）。

谷口先生是知名营销顾问，我与他之所以相识，是因为他曾经应邀担任"知识生产的技术研究会"讲师的缘故。后来，日本航空（JAL）为了企业改造设置了服务委员会，我被分派到委员会事务局，面对许多状况，谷口先生为我提供了许多建议。

在这篇文章里，谷口先生配合许多案例，描述了我们的社会由"难以发挥个性的群体社会"改变成"重视个性的社会"的样貌。这个观点对思索未来的商业市场有非常重要的影响，所以我让学生们以这篇文章为素材进行图解。

首先，我们来看看图 15-1，这是一张结构简洁，很容易掌握阅读顺序的图。一目了然，这张图的架构是在说明"从原本的社会转变为什么样的社会"。

这张图的整体架构做得非常好，所以我只针对几个小细节提出小小的改善建议。

第一，运用成对且相互对照的关键词，能更清楚地呈现对比。

比方说，既然左侧区块的标题是"至今（到目前为止）的社会"，右侧区块的标题就应该定为"往后（从今以后）的社会"，明确显示两者的对比。或者，既然右侧区块的标题用的是"个人化社会"，左侧区块的标题就应该定为"群体化社会"。或是用"个性化社会"与"无个性社会"这两个关键词进行对比，效果可能也不错。

把关键词换成反义词，对比概念会更清楚。

第二，应该在版面设计上力求平衡。在右侧区块中的 4 个角落，分别配置着兴趣、思考、感性、意志·要求·发言几个关键词。我们很容易就可以看懂，图中表达了"改变社会""改变市场"这些要素。

使这张图看起来更简洁的方式，是将写在右侧区块左下角的"意志·要求·发言"整合为一个。要整合成"意志"也可以，"需求"也没问题。把左下角的关键词整合为一个的话，图就会很有平衡感。另外，箭头下方的"改变社会"和"改变市场"，如果删掉其中一个，图就会更加简洁有力。

然而，在没有附加任何说明的情况下，将改变市场的案例放在区块内，不容易使人了解。建议把它作为案例，放在"改变市场"关键词的下方。请各位记住，如果图解中要放入案例，要放在能让人清楚了解其所属项目之处。

左侧区块里的"个人说了什么""个人说他喜欢什么"属于个人化社会的要素，因此应配置在右侧的区块里。

如果要让右侧与左侧以对比形式呈现，左侧也应该加入几个案例，这样就能让整体更有平衡感。比方说，放进"企业至上主义""学校至上主义""平等主义"等作为"重视群体性"的案例，就会清楚易懂。

这张图的基本架构已经很不错，因此只要修正这些细节部分，让至今的社会与往后的社会的对比更为鲜明，就会是一张好图解。

政坛里，经常听人说到"对比不明显"这句话。比方说：民主党和自民党的对比不强烈，以致支持率一直无法上升。再比方说：是群体重要？还是个人重要？在这种对比中，如果强调"自民党重视群体""民主党重视个人"就能让人清楚了解两党的政策差异。图解也是一样，**当对比两件事物时，只要让彼此的对比显著，就能清楚传达两者间的差别。**

不过，在设计对比时，也有需要注意的地方。其实，世界上很少有完全背道而驰的两件事，通常会呈现两者在某些部分相互交叉的结构。

以本课的案例来说，无论是"至今的社会"还是"往后的社会"，都存在个人与群体两者都很重要的情况。无视其共通部分，大胆强调两者差异的图解，采用的是让对比显著的手法，但这有可能招致部分读者的反对意见。

是凸显两者差异以让对比强烈，还是强调两者共通点？我们需要视情况选用最适合的方式。

图 15-1　学生 E 图解报纸专栏"个人与个性的胜利"

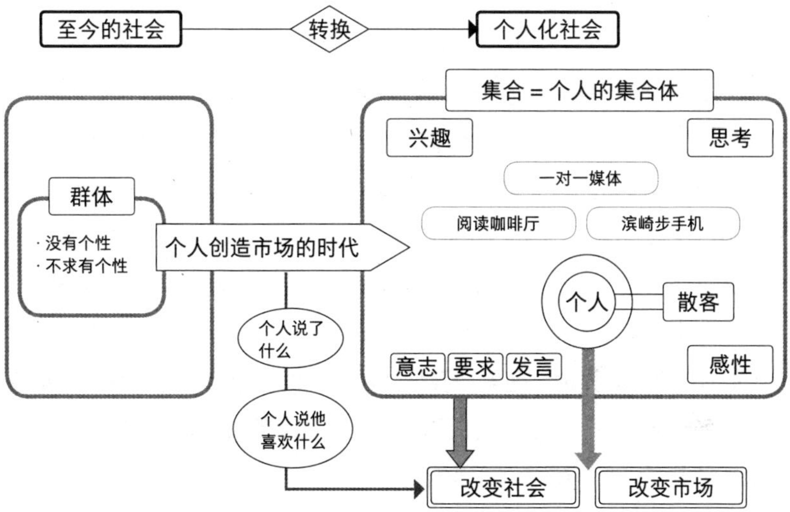

```
至今的社会 ──转换──▶ 个人化社会

                         集合 = 个人的集合体
                    兴趣              思考
                       一对一媒体
  群体              阅读咖啡厅  滨崎步手机
 ·没有个性
 ·不求有个性 个人创造市场的时代         个人 ─ 散客
                                        感性
        个人说了什么      意志 要求 发言
        个人说他喜欢什么
                      ──▶ 改变社会    改变市场
```

仔细研究案例

可以看出，图 15-2 在对比方面下过一番功夫，左右区块中，"同质的群体"与"异质的群体"这种呈现对比关系的关键词让人一目了然，绘图者掌握了相互对比的精神。既然如此，如果其他关键词也能相互对照，图解的对比就更鲜明。比如"效率不佳"与"效率佳"，"合理"与"不合理"，"有个性"与"没个性"等，大家平时不妨多多练习写出反义词。

如果要使这张图的对比更加鲜明，建议将"大众传播媒体"放到左侧，"一对一营销"放到右侧，对比效果会更好。把这一组关键词配置在左右两侧、而非上下两方的话，箭头也就无须在中间交叉。箭头交叉会让人看不清彼此间的关系，因此图解中尽可能不要让箭头交叉。

此外，这张图解下方的区块中，列出了一对一营销的案例。然而，这些案例是否真的属于一对一营销？对此有必要仔细研究确认。

东芝的健康管理服务的确是一对一营销的例子。但是，阅读咖啡厅应该不能归类于一对一营销吧？同样地，滨崎步版的手机也不能说是以一对一的方式满足个人需求的产品。

这些案例可以说是迈向一对一营销的发展过程，但还称不上真正的一对一营销。滨崎步版的手机可以说是制作多样化版本产品的案例，也可以说是更尊重个人兴趣的商品，但不能作为一对一营销的案例，而应该属于重视个性的营销案例。本文中以此商品为例的用意应该也是如此。

此外，建议各位最好能自行寻找原文中没有提及的案例，试着将它们补入图解中，这样一来，一定能学到更多东西。比方说，在日本网站键入"一对一营销"的关键词搜索，会找到六千个以上的网页。我们很容易搜寻到这些结果，为了增加图解的知识量，除了作者原文提及的案例，自己应该再试着多研究一些案例补入图解。

相较之下图 15-3 的架构就不太清楚，显得既无对称也无对比。

此外，由于图 15-3 右下方的双线框里写着"个人·个性领导型社会"这个大概念，反而使得这张图欠缺真实感。提取关键要素的确是必要的，但是在这个例子里，却由于关键要素过于强烈，使得整张图变得空泛不真实。因此，当我们遇到这种情形时，放进一些案例是个不错的图解技巧。比方说，如果能放进几个重视个人或个性的社会案例，这张图看起来就会更形象。

图 15-3 的优点在于它把个性的部分表达得非常好，框内善用〇、△、□等符号，以加灰色底纹的方式充分展现个性的多元化。光看到这些，就

能想象到社会里充满了多彩多姿的个性。

此外，如果图 15-3 能够表达原本是很多个○排在一起（群体化社会），后来变化成○、△、□（多样化社会）的过程，势必能成为一张给读者留下强烈印象的图解。我觉得这位绘图者的表达手法很有品位，所以如果在结构方面表达得更为明确，图 15-3 将成为一张非常好的图解。

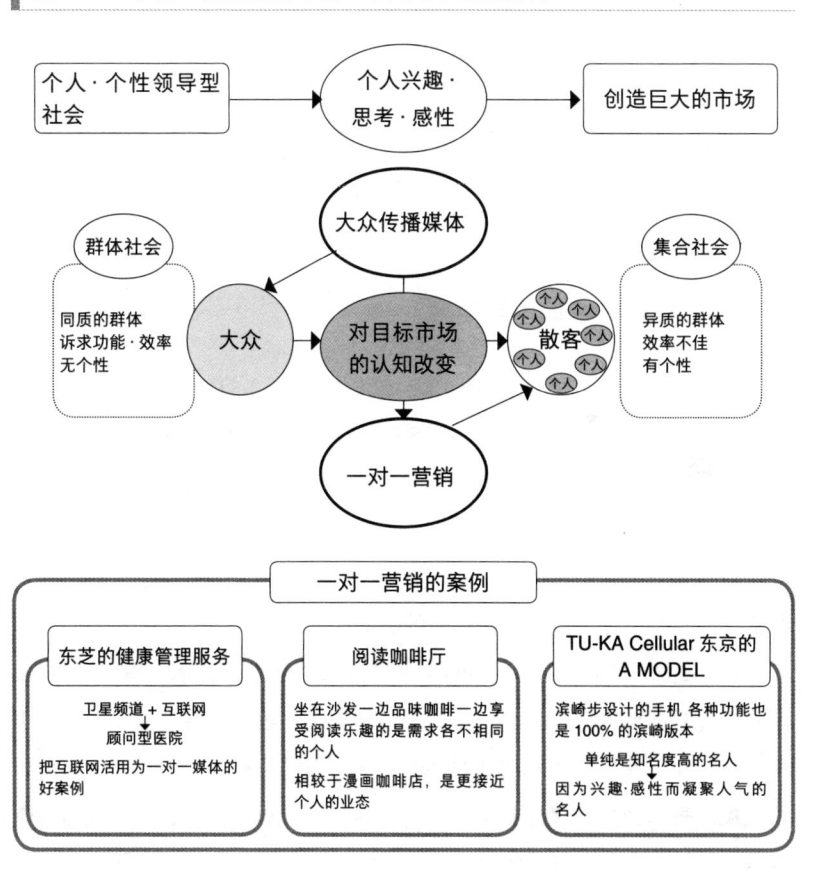

图 15-2　学生 F 图解报纸专栏"个人与个性的胜利"

```
个人·个性领导型           个人兴趣·
社会            →        思考·感性        →    创造巨大的市场

                      大众传播媒体

   群体社会                                         集合社会

  同质的群体                  对目标市场            异质的群体
  诉求功能·效率    大众        的认知改变    散客    效率不佳
  无个性                                            有个性

                         一对一营销

┌─────────────  一对一营销的案例  ─────────────┐
│                                                        │
│  东芝的健康管理服务      阅读咖啡厅      TU-KA Cellular 东京的    │
│                                          A MODEL              │
│                                                        │
│  卫星频道 + 互联网    坐在沙发一边品味咖啡一边享    滨崎步设计的手机 各种功能也 │
│    顾问型医院        受阅读乐趣的是需求各不相同    是 100% 的滨崎版本        │
│                        的个人                                  │
│  把互联网活用为一对一媒体的                        单纯是知名度高的名人       │
│  好案例              相较于漫画咖啡店，是更接近    因为兴趣·感性而凝聚人气的  │
│                      个人的业态                    名人                  │
└────────────────────────────────────────────────────────┘
```

图 15-3　学生 G 图解报纸专栏"个人与个性的胜利"

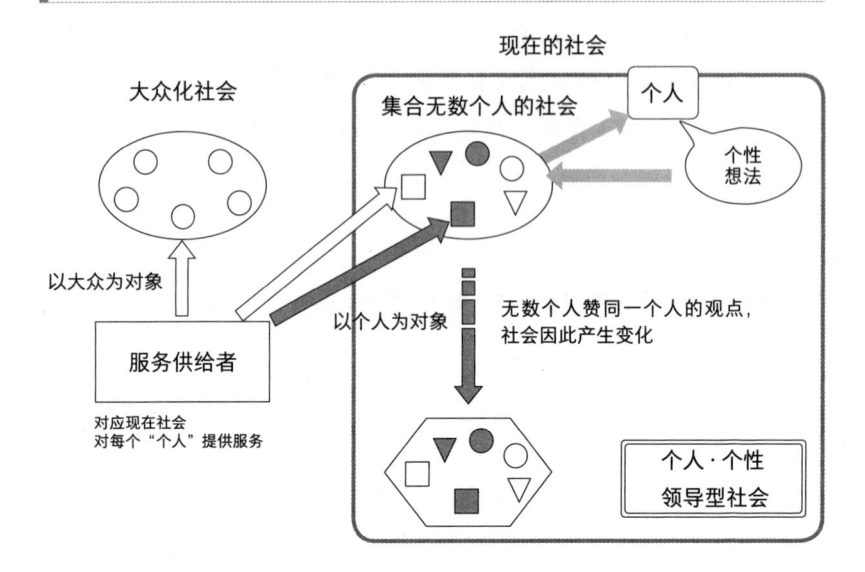

大公开！主管如何使用图解？

总评这 3 张图，如果在图 15-1 中放进图 15-2 的对比关键词，应该会有不错的效果。另外，活用图 15-3 中○、△、□的表达技巧，以作为"至今的社会"与"往后的社会"的意象表达，就能完成一张完成度很高的精致图解。

这 3 张图都还有微调的空间，也有各自的优点。综合每个人图解作品的优点，想必可以绘制出一张很棒的图解。

我写这本书的用意，是协助大家提升以图解进行表达与思考的技巧，因此会针对细节一个个指出可以改善的地方。不过，如果是在职场中，上司或主管和下属进行图解沟通时，绝对不可以总是挑些小缺点，反而应该**积极挑出每张图解的优点**鼓励下属，这样一来，对他们增进图解表达与图解思考的能力会有很好的效果。

以本课为例，A、B、C 分别拿着他们画的图到上司那边去，很有可能发生以下的谈话——

主管："嗯，A 君的整体结构非常不错。分成'至今'与'往后'两大架构，让人非常容易了解。我建议，把 B 君的对比关键词运用在 A 君的两大架构里，大家觉得如何？另外，B 君的'同质的群体'和'异质的群体'对比强烈，一看就懂。还有，C 君的表达方法也很不错。B 君可以试着把'同质的群体'和'异质的群体'以 C 君的圆形、三角形、正方形的符号表达看看。"

如果会议中能像这样进行，不但容易得到共识，也能让大家觉得最终的图解采用了他们的意见。如此一来，既能提高下属的参与感，也能让下属受到更多的激励。

就算大家图解的是同一个素材，也会因人而异出现观点不同的图解。相信也存在主管自己都没想到的观点，从中有新的发现。如果有 3 个人参与图解，就能找到 3 个人的观点和意见；有 10 个人参与图解，就能找到 10 个人的观点和意见。

此外，主管请大家绘出图解，以图解为基础进行会议，会议场所将成为包括主管在内的每个与会者都不断有新发现的场所，也是每个人获得认同的场所。如此一来，努力的价值、工作的价值也会有很大的不同。

运用图解进行管理的主管，应该能让自己的管理风格完全变个样子。看着下属提交的数据，原本总是挑剔说"这里不行""这里要用'得'，不是'的'"的上司，也能自然而然地说出"这个不错""这里也很棒""想法挺有趣的"。

▼ 这样图解就对了！

- 关键词可以使用成对的反义词，让它们在"语义""词性"等方面相互对照，就能让对比显著，也更容易理解。
- 对比两件事物时，只要让对比明确，就能清楚传达两者间的差别。
- 图解的好处是容易接纳其他图的优点，运用图解进行管理，活用下属的点子，并激发工作的冲劲。

◎自己动手做图解◎报纸专栏

谷口正和 个人与个性的胜利

（2000年12月25日《交通新闻》交通评论）

"个人"与"集合"

"individual"这个词，如各位所知，是"个人"的意思。其原意是"无法再分割的存在"，"individual"是由两个字根构成——"in"（不）加上"divide"（分开）。而这个世界，便是由这些"无法再分割"的最小单位，也就是个人组成的集合体。

"群体"与"集合"本质上是不同的概念。用比喻的方式说明的话，"群体"好比是被相同大小和形状的螺丝钉塞满的四方形纸箱，性能与效率都非常好，但是每颗螺丝钉没有自己的个性，准确地说，螺丝钉不被要求具备自己的个性。

另一方面，"集合"好比是装满各种水果的塑料袋。因为每颗水果的形状都不相同，所以塑料袋的形状就变成这边凸出、那边凹陷的不规则状，不管怎么看，塑料袋的外观显出一副效率不佳的模样。可是，装在袋内的水果，每一颗的形状与口感各自不同，能够让人享用到不同水果的风味。

所谓"个人的社会"，指的就是装满水果的塑料袋，也就是"集合"的社会。

每个人的个性，个人的意志、要求或发言都能够改变这个社会，这样的时代已经来临了。

聚焦于"个人"

现在，所有服务的焦点都开始朝向"个人"。市场中不存在一整个群体的"大众"，存在的是成为个人集合体的"个人客户"——这样的认知正在大幅改变整个市场。

东芝（Toshiba）运用卫星电视（broadcasting satellite）与互联网的整合，开始为观众提供健康管理服务。观众回答10项问题之后，就能得到诊断结果，甚至还会得到推测的剩余寿命。如果登录成为会员，就会生成个人健康管理页面；填写详细的个人资料，就能获得如何改善生活的建议——这样的服务好比是网络版的顾问型医院。

虽然这一系统的发展还在初期阶段，但这是将互联网活用为"一对一个人化媒体"的好例子。

让客人自由地拿取店里的书籍或杂志，坐在沙发里一边品味咖啡一边享受阅读乐趣的"阅读咖啡厅"正受到大家的欢迎。晚上7点以后客人最多，主要顾客群是下班回家途中，想暂时脱离日常生活、享受一个人时光的人，或是想自由自在吸收自己感兴趣的信息的人。

在咖啡厅里的顾客，是需求各不相同的个人。相较于漫画屋，阅读咖啡厅是更接近"个人"的业种。

TU-KA Cellular东京曾推出一款由艺人滨崎步设计的手机"A MODEL"。手机的机体与吊饰采用了她设计的独特豹纹，来电铃声用的是滨崎步的歌。开关电源、来电或拨打电话时，手机屏幕还会出现滨崎步照片的原创标志，是100%的"滨崎版手机"。

个人会支持个人的兴趣、思考与感性。个人直接联结个人，是个人化社会的基本特征之一。

所谓的"名人代言广告"，现在依然盛行。但单纯是因为其知名度而受人追捧，还是因为兴趣、感性而引发共鸣，这两种情况是非常不同的。

个人的胜利

个人的个性与想法在一瞬间就能改变社会与市场，这样的个人·个性领导型社会已经来临。信息的数量和种类越多，最终越会聚焦到"一点"上。扩散的速度相当快，收敛的速度更快，这是信息化社会的基本结构。而所谓的"一点"，则几乎全都是"个人"。现在这个时代，是由无数的个人集合起来，对"个人说了什么""个人说他喜欢什么"等个人的选择表示赞同，从而创造出一个巨大市场的时代。[本文作者为日本生活设计系统公司（Japan Life Design Systems）社长]

第 16 课　动手练习图解报纸社论

如何图解充斥专业术语的文章？

▍忠实追随原文，使其简单易懂

这一课的图解素材是 2001 年 1 月 8 日《日本经济新闻》的社论——"环境革命第一步：新世纪·第一个十年"（原文刊载于本课最后）。

环境问题到了现在，已经和我们的工作及日常生活息息相关。而这篇社论，正是思考环境问题的一个相当好的素材。

图 16-1 是一张忠实追随原文论点的图解，非常简单易懂。

图 16-1 在左上方的区块指出问题点与原因之后，接下来描述作为解决方案的京都议定书的内容与日本政府方案，最后则是总结，整体论点的推演非常清楚。

另外，这张图的另一个优点，是在圆圈与文字大小方面下了很多功夫。比如温室气体排放量的削减目标处，"欧盟""美国""日本"分别负责的削减目标值，从圆圈的大小就能看出来，让人很容易就捕捉到其意象。

文字方面也是如此。比方说，写在左侧正中央处的"只不过是拼凑数字，没有真正解决问题"这句话，"没有真正解决问题"用较大的粗体字表示；"只不过是拼凑数字"作为修饰语，用的是较小的字体。

位于右下方的"需要运用政治整顿制度与机制"这个部分也是。"逐渐完成调整的"作为修饰语，采用了较小的字体。如此一来，看的人也能清楚了解，不是在短时间内发生剧烈的政策变动，而是以渐进的方式进行调整。

重要词语用较大的粗体字呈现，修饰性短句或形容词则以较小的字体呈现，如此一来，能够赋予图解文字抑扬顿挫的语感，让读者更容易看懂。

图 16-1 在整张图里以粗体字表达重要词语，给人一种强而有力的印

象。它在让文字抑扬顿挫这一点上，非常值得我们好好学习。

连接各区块的箭头旁，也加上了"解决方法"或"为实现这些目标"等说明文字，清楚表达出箭头代表的含义。

像这张图一样，忠实追随原文论点的话，内容会非常清楚易懂。但是，原文是否符合逻辑，将影响画出来的图解是否能让人一目了然。如果图解的素材是像散文或随笔的文章，论点通常比较模糊，有时即使花时间解读重制，也无法图解得好。这类文章要靠自己去体会文中的精华才有意义。所以，与其忠实追随原文论点，不如以自己的角度重新架构一张图解。

由此可知，要绘制一张忠于原文论点的图解，最重要的一件事就是先判断原文是否符合逻辑。

图 16-1　学生 H 图解报纸社论"环境革命第一步"

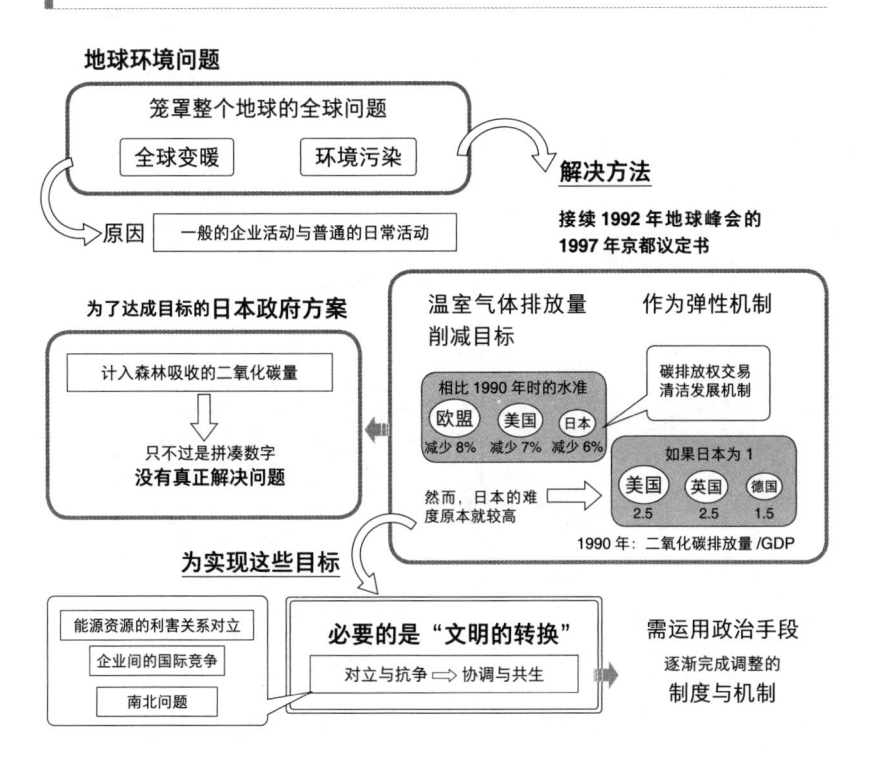

聚焦，就能轻松锁定重点

图 16-2 也是一张简单易懂的图。左侧区块清楚描述了应该将体质从"目前为止"转换为"从今以后"这个主张。

右侧区块则是以"体质的转换"为主，进行详细说明。也就是说，右侧区块聚焦于"体质的转换"，在提取精华之后进行了放大。如果把所有信息汇整在同一个区块内会显得太复杂，或是这样做会使整体失去平衡感的话，就可以像这张图一样，**在完成整体架构后，把其中一部分抽出来另行图解，来表达整体与部分的关系。**

以整体架构来说，这张图简单易懂，但在细节上还有些地方可以更细致地描绘。

比方说，左侧区块内"从今以后"一段中，有"新制度"与"机制"两个关键词。事实上，"制度"与"机制"是近义词。严格来说，"机制"的范围似乎比"制度"更大，所以只要使用其中一个词就可以。如果两个词都想使用，至少也应该写成"新制度"与"新机制"以形成对称。

图 16-2　学生 I 图解报纸社论"环境革命第一步"

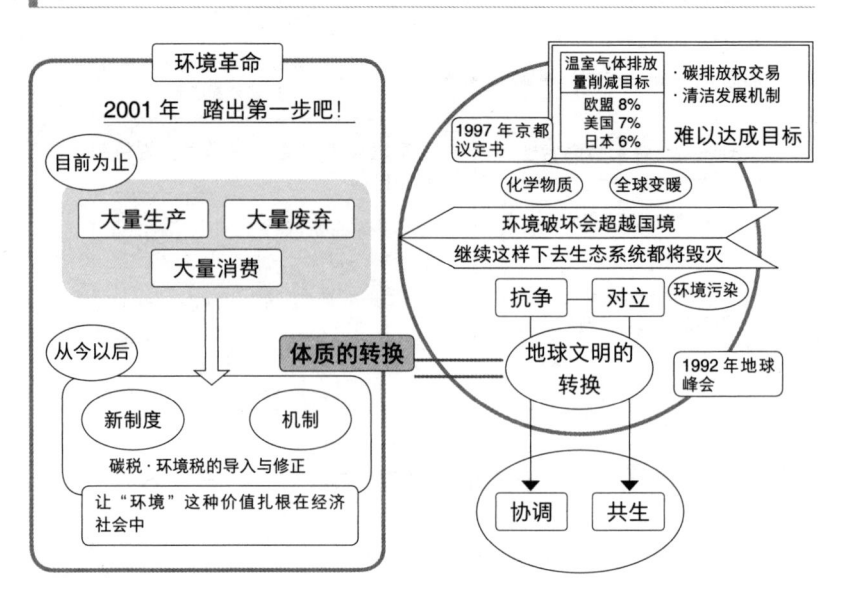

右侧区块中的"抗争"与"对立"，以及"协调"与"共生"，其实分别是一组同义词。这张图中，由"抗争"拉出一个箭头到"协调"，由"对立"拉出一个箭头到"共生"，但是，究竟是否真的需要分成两个箭头呢？其实，也可以从"对立"拉出箭头到"协调"。与其列成两组关键词，不如只写出其中一组。

图16-2的内容是，人类应该停止发展中国家与发达国家之间的对立，同时停止各种文明之间的对立，以地球文明谋求共生之道。我们必须从个别文明转换为地球文明，关键词便是"共生"。

注意！千万别让竖式图解沦为表格

图16-3和本书其他图解最大的不同之处，在于它是一张竖式图解。想必是绘图者无法以横式放入整个流程，所以才如此绘制图解。

在竖式结构中，像时间顺序这样的流程就非常容易理解。

然而，必须注意的是，竖式图解很容易沦为表格的形式。如果绘制完成的是一张像表格的图解，那直接用表格表达或许会更好。因此，绘图前一定要仔细思考，是做成图解比较好，还是做成表格比较好。一旦决定要做成图解，就要做只能用图来表达的图解。

在图16-3中，左侧是主题，右侧是说明这些主题的具体案例。按时间顺序来看，依次是1992年、1997年、2000年发生的事情，时间顺序非常清楚。如果想让这张图更易懂，把左侧的主题放到正中间比较好。如此一来，就很清楚什么是主题。然后再把用来修饰主题的具体案例分别配置在左右，想传达的重点就会很明确。

图16-3的优点在于左侧以纵向方式大大写出了"从对立到共生"这句口号。如果写成"从对立与抗争到协调与共生"，因为句子太长，反而不容易让人留下印象。而像"从对立到共生"这样简洁有力的一句话，大家就很容易记住。这句话应该是绘图者自己的想法，是一句很好的口号。

此外，这张图在右下方写了一句"接下来十年是关键时刻"。这句话很贴切，也是其他图中没有的。我觉得这位绘图者很擅长撰写简洁有力的文案。

综合这 3 张图解进行思考，就能充分了解社论的内容。"为了守护地球环境，应该跨越各国对立的利害关系，基于共同的危机意识采取行动。"这既是从个别文明发展为地球文明的体质转换，也是从对立到共生的进化。所谓共生，指的不仅是发达国家与发展中国家、美国与欧亚各国之间的共生，更是全人类的共生，甚至是与动植物的共生。而我们也可以看出，为了达到这个目的，必须在接下来的十年借由政治的领导力，让应有的制度与机制逐步到位。

图 16-3　学生 J 图解报纸社论"环境革命第一步"

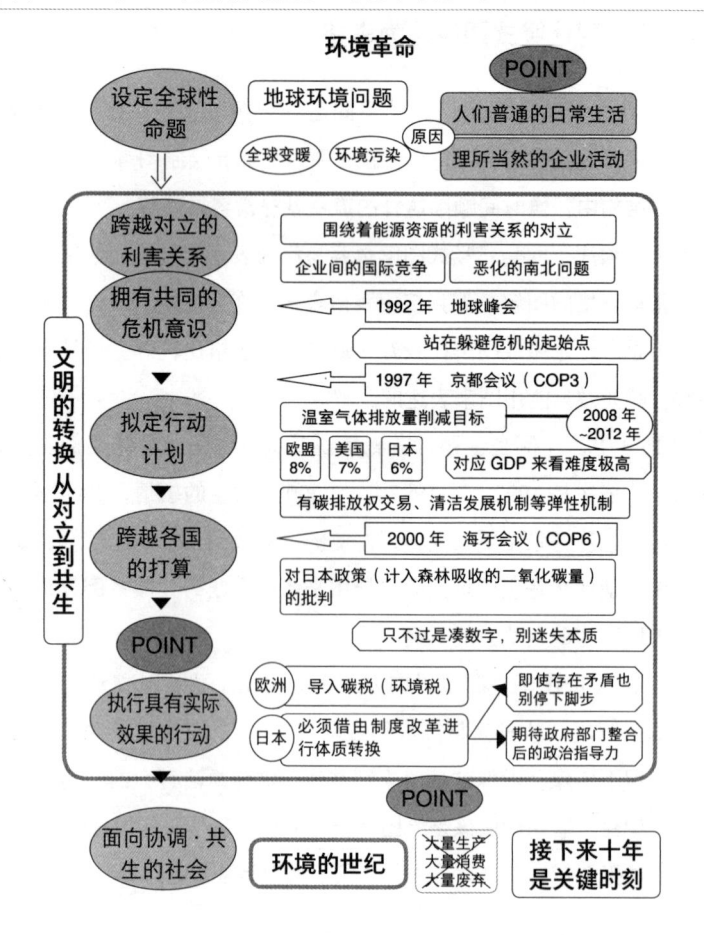

环境革命

- 设定全球性命题
  - 地球环境问题
    - **POINT**
    - 原因：人们普通的日常生活
    - 理所当然的企业活动
    - 全球变暖、环境污染

文明的转换 从对立到共生

- 跨越对立的利害关系
  - 围绕着能源资源的利害关系的对立
  - 企业间的国际竞争
  - 恶化的南北问题
- 拥有共同的危机意识
  - 1992 年　地球峰会
  - 站在躲避危机的起始点
- 拟定行动计划
  - 1997 年　京都会议（COP3）
  - 温室气体排放量削减目标（2008 年~2012 年）
  - 欧盟 8%　美国 7%　日本 6%
  - 对应 GDP 来看难度极高
- 跨越各国的打算
  - 有碳排放权交易、清洁发展机制等弹性机制
  - 2000 年　海牙会议（COP6）
  - 对日本政策（计入森林吸收的二氧化碳量）的批判
  - 只不过是凑数字，别迷失本质

POINT
- 执行具有实际效果的行动
  - 欧洲：导入碳税（环境税）→ 即使存在矛盾也别停下脚步
  - 日本：必须借由制度改革进行体质转换 → 期待政府部门整合后的政治指导力

POINT
- 面向协调·共生的社会
  - 环境的世纪
  - 大量生产、大量消费、大量废弃
  - 接下来十年是关键时刻

有图有真相！图解比文字更能凸显个人风格

虽然图解的素材是同一篇社论，但是 3 人却画出 3 张完全不一样的图解——图 16-1 如实呈现了原文的论点，图 16-2 聚焦于绘图者认为是重点的部分，图 16-3 以时间顺序进行了图解。

如果以文章的形式总结这篇社论，会出现什么情况呢？恐怕 3 个人交出来的文章不会有太大的差别吧？至少，不会像 3 人的图解一样产生如此大的差异。

想要在文章摘要里展现自己的个性，没有相当程度的写作能力是不可能做到的。但是，如果是图解的话，即使没有刻意展现个人风格，也会自然而然地表达出自己独有的个性。

也就是说，相较之下，图解比文章更能表达个性，更容易凸显自我风格。所以，图解是实现自我表达的有效工具。

如果能将图解表达变为自己的专长，就很容易表达自我、展现个人风格。

▼ 这样图解就对了！

- 用较大的粗体字表示重要词语，用较小的字体表示修饰语，如此一来，就能赋予整张图解轻重缓急的节奏感与抑扬顿挫的语感。
- 在表达整体架构后，把其中一部分抽出来另行图解，就能表达整体与部分之间的关系。
- 以时间顺序整理信息，采用竖式结构按由上到下的方向绘图，就能顺畅表达时间顺序。

◎自己动手做图解 ◎报纸社论

环境革命第一步：新世纪·第一个十年

（2001年1月8日《日本经济新闻》社论）

　　环境的世纪，是否真的会来临？在21世纪第一个十年，如果我们无法成功改变现有文明中大量生产、大量消费而且大量废弃的体质，地球未来的生态系统将开始瓦解，甚至再也无法靠人类的智慧修复。

　　像全球变暖与化学物质造成的环境污染等，现在的环境问题是全球问题。无论排出温室气体的是哪个国家，它终究会扩散到全世界，最后覆盖整个地球。相反地，致力于控制温室气体排放的国家或地区，只能依靠其努力得到一点点相对舒适的环境，却无法真正逃离全球变暖的魔掌。

　　化学物质也是一样，污染会轻易地穿越国境，堆积在深山幽谷、海中孤岛，甚至人迹罕至的极地。过去"公害"只是特定企业或地区的课题，但是全球环境问题的源头来自你我的日常生活，以及自认为理所当然的企业活动。

文明开始转换

　　要解决这个全球问题，全世界必须拥有共同的危机意识，基于共识采取共同行动。1992年的地球峰会决定，历史、文化、经济结构各不相同的国家，要为了地球环境而统一步调；为此订下具体行动规范的是1997年的京都会议中签订的京都议定书。

　　这可以说是文明的转换。为了避免危机的发生，面对复杂又深刻的矛盾，围绕能源资源的利害关系的对立、企业间激烈的国际竞争、经济差距持续扩大导致的南北问题等，对立并抗争至今的地球文明将前进方向转向了大家共同分担彼此痛苦的协调与共生。

　　然而，在文明的转换落实到具体政策的阶段，却开始出现很大的落差。京都议定书中规定，发达国家在2008年至2012年需达成温室气体排放量的削减目标，欧盟应当削减8%、美国削减7%、日本则是6%（以1990年的排放量为比较基准）。

实际上，达到这个目标的难度相当高。自从石油危机以来，日本制造业已在彻底进行节能与相关技术的开发。从 1990 年日本的二氧化碳排放量对国内生产总值（GDP）的比值来看，美国、英国是日本的 2.5 倍，德国是日本的 1.5 倍，这些国家在产业部门的削减成本都比较小。

因此，京都议定书中也规定，允许碳排放权交易，即发达国家之间可开放买卖二氧化碳排放量额度；推行弹性机制，如可将协助发展中国家削减的排放量计入本国削减量的清洁发展机制（CDM，Clean Development Mechanism）等。

然而，日本政府的行动计划主体却是"将森林吸收的二氧化碳量纳入计量"。如果是这样，那么不必致力于削减二氧化碳排放量，只要运用纳入森林吸收量这种行政上的权衡手法，就能捏造比 1990 年削减 3.2% 这个数字。

在这种计量方式下，像美国和加拿大这种森林面积广阔的国家，什么事都不用做，就能轻松达成削减目标，对此欧洲各国与发展中国家一直抱持强烈的反对态度。2001 年，在荷兰海牙召开的《联合国气候变化框架公约》第六次缔约方会议（COP6）也未能达成协议。

拼凑数字有其极限

切勿因拼凑数字这种小手段，迷失了本质。要达成比现状削减 20% 以上的严苛目标，利用弹性机制虽是理所当然，但同时也应该导入能促进文明转换为符合"环境世纪"的新制度与机制。日本的传统一向是把解决问题放在最后，坐以待毙，但新世纪的到来是该把这种态度丢到一旁的时候了。

关于碳税、环境税的讨论如火如荼，产业界担忧，如果全世界无法同时导入，先行国家的企业的国际竞争力会下滑。的确，1991 年在全球最早导入环境税的瑞典因为担忧影响企业竞争力，便于 1993 年将企业所得税降至个人所得税的 1/4，但是依然坚持征收碳税。

只要视情况在税率与征税对象的范围方面进行弹性应对即可。要想让与价格及效率异质的"环境"价值固定在经济社会里，制度改革必不可少。即使是京都议定书或是环境税的构想，也存在一些矛盾，而行政部门却以这些矛盾为由，总想停下脚步。我们期待政府部门整合后的政治指导力。

第 17 课　动手练习图解电子报

如何用图解发现原文逻辑不通之处？

▍绘制一张胜过原作的图解

这一课的图解素材是网络电子报"久恒启一的教学日记"第 7 期（2000 年 8 月）的文章（原文刊载于本课最后）。

这篇文章以《经济白皮书：平成十二年度版》中文部科学省及日本劳动研究机构的问卷调查结果为基础，对现今的学校教育与实际社会所需的人才的落差进行了探讨。

首先请看图 17-1。在这一课作为范例的 4 张图中，图 17-1 最为简洁。

图 17-1 在左侧列出了有关"在大学学到的能力"的问卷调查结果——广博的素养、人文与社会学科的理论知识、自然科学的理论知识；右侧则配置了在实际社会中需要的重要能力——沟通力、判断力、问题解决与分析力、展示力以及企划力、创造力。

正中间则联结了左右两边，打出"大学教育的现况与社会需求的落差"的口号；下方的星形框中，则写着"大学教育并未契合时代及社会所需"作为结论。

这张图非常清楚易懂。另外，以大学校园钟楼的轮廓作为背景图，也是非常有意思的表达。如果硬要鸡蛋里挑骨头的话，既然左侧用到了大学钟楼，右侧干脆用办公大楼当背景图，两者之间的对比会更为明显。

图 17-1 的基本架构做得相当不错，但细节部分仍有改善余地。在右侧"高度的实务知识"这个关键词框起来的内容里，伸出 3 个箭头指向"在大学教育中愈加重要"这句话。但是，没有拉出箭头的"判断力"与"问题解决与分析力"也是在大学教育中日益重要的能力，因此这两个能力也应拉出箭头。

这两个能力之所以没有拉出箭头，恐怕是因为"广博的素养"一词挡在下面的缘故。如此一来，可能会导致读者误认为没有拉出箭头是有特别的含义,既然要拉出箭头,干脆将"广博的素养"放到"高度的实务知识"上面,然后五个项目全都拉出箭头,或整体拉出一个箭头。

另外,这张图里"在大学学到的能力"与"高度的实务知识"形成了对比。但是,这样的对比真的适当吗?

还有,图 17-1 中央部分的正下方有"IT 时代"4 个字,但这 4 个字似乎跟这张图没什么关系。之所以有这几个字,可能是因为我把《经济白皮书》里的标题"IT 时代的人才,必须拥有创造力与执行力"写进了文中的缘故。

但是,仔细研究图 17-1 会发现,这张图跟 IT 时代并没有特别的关系,内容主要是表达目前的社会与大学教育的现况。其实,在绘制图解的过程中,如果判断出"这并不仅限于 IT 时代",那么即使是作者写在原文的语句,也可以将其忽略。

图 17-1　学生 K 图解电子报"久恒启一的教学日记"

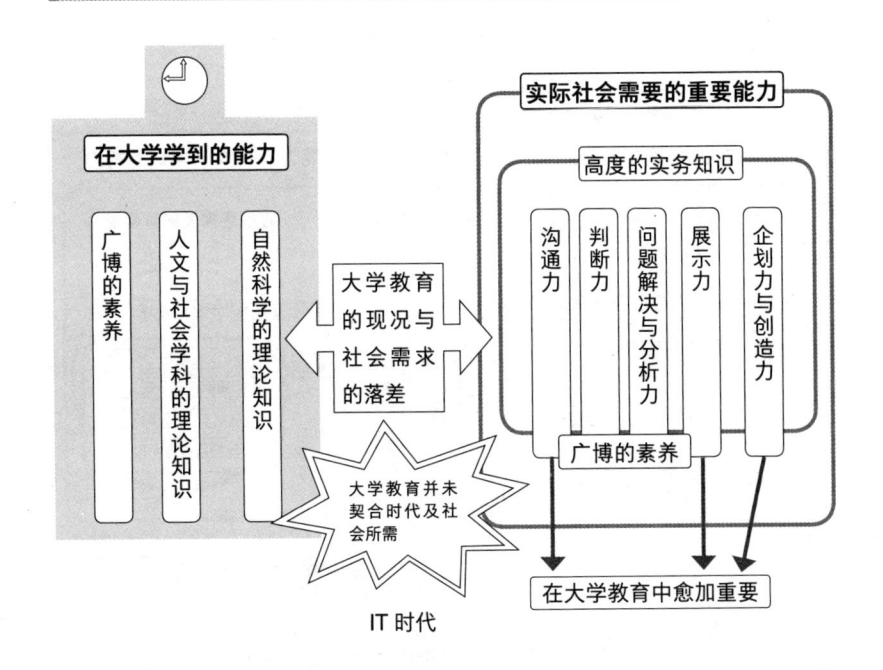

在大学学到的能力
- 广博的素养
- 人文与社会学科的理论知识
- 自然科学的理论知识

大学教育的现况与社会需求的落差

实际社会需要的重要能力
高度的实务知识
- 沟通力
- 判断力
- 问题解决与分析力
- 展示力
- 企划力与创造力

广博的素养

大学教育并未契合时代及社会所需

IT 时代

在大学教育中愈加重要

对原作者撰写的原文存疑，是非常重要的一件事，因为作者的想法并不一定正确。对有疑问的地方，请各位务必依照自己的方式思考、研究，**抱持"要绘制一张胜过作者的思考的图解"的态度**。

图 17-2 也是画得很好的一张图，这张图在一开始提及的内容并非在大学学到的能力，而是进大学读书的原因。以排名的方式表达各项目，非常清楚易懂，而且结论也明确清楚。

图 17-3 依照时间顺序绘出了从大学入学前到入学后，以及毕业进入职场工作之后的状态，表达顺序依次是进大学的理由、在大学学到的能力，以及职场所需的能力，非常清楚易懂。

右侧区块的各个要素组成的似乎是一个人形，这是个有趣的点子。只是，仅仅如此让人看不出其中哪一项比较重要。也许有人会觉得头部是最重要的，所以推测"广博的素养"最重要。如果这些要素有重要度的排名，那么分别标上数字会更容易了解其顺序。

图 17-2　学生 L 图解电子报"久恒启一的教学日记"

实际社会需要什么样的学校教育？

商务人士问卷调查结果（对象：30 岁~35 岁）

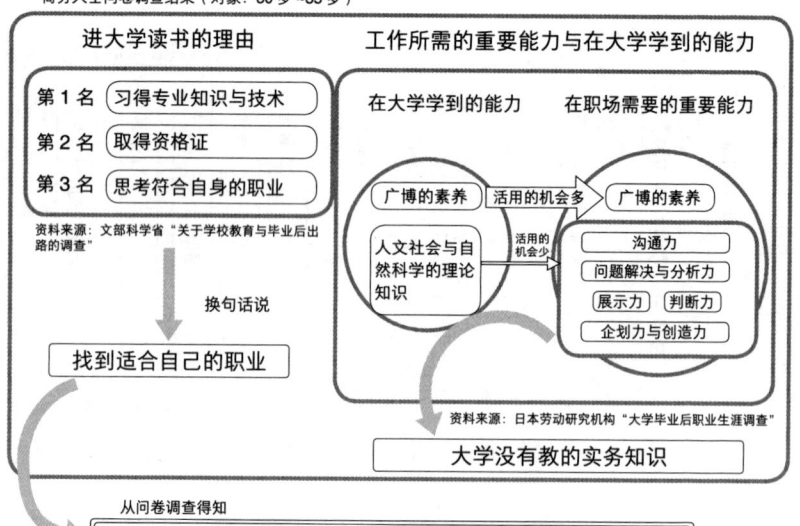

进大学读书的理由

- 第 1 名　习得专业知识与技术
- 第 2 名　取得资格证
- 第 3 名　思考符合自身的职业

资料来源：文部科学省"关于学校教育与毕业后出路的调查"

换句话说

找到适合自己的职业

工作所需的重要能力与在大学学到的能力

在大学学到的能力　　在职场需要的重要能力

- 广博的素养　活用的机会多　广博的素养
- 人文社会与自然科学的理论知识　活用的机会少
- 沟通力
- 问题解决与分析力
- 展示力　判断力
- 企划力与创造力

资料来源：日本劳动研究机构"大学毕业后职业生涯调查"

大学没有教的实务知识

从问卷调查得知

社会真正需要的学校教育 = 广博的素养 + 高度的实务知识

图 17-3　学生 M 图解电子报"久恒启一的教学日记"

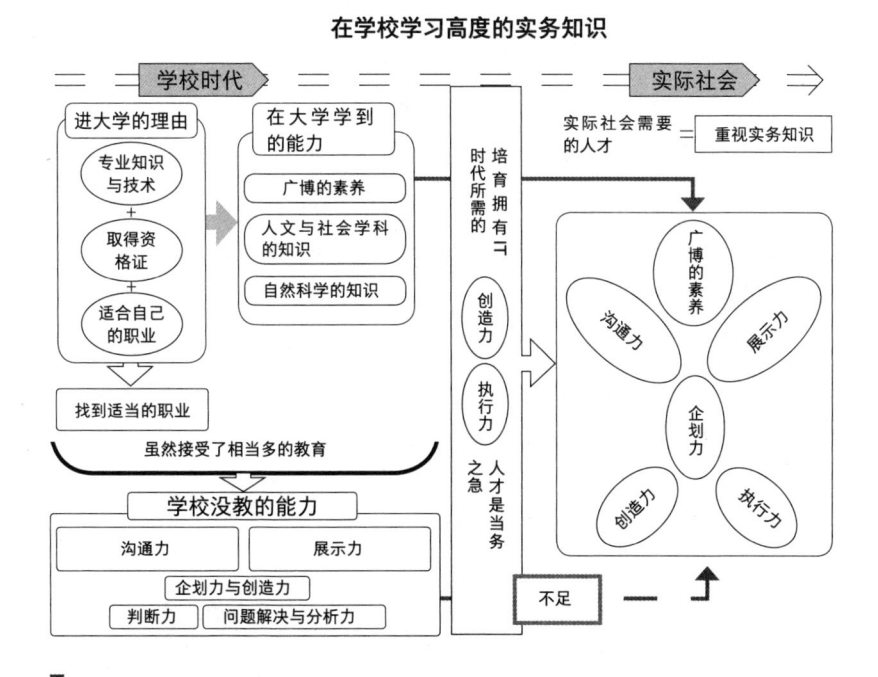

在学校学习高度的实务知识

它们之间的关系是对立还是包含？

图 17-4 把学校教育的现况与实际社会需要的人才进行了对比，但两者的区块大小竟然一样。让我们来仔细思考看看，以同样的大小对比学校教育与实际社会，这种表达方式是否恰当？

基本上，实际社会比学校教育更大，所以应该是实际社会中包含学校教育。如果我们把实际社会限定在"职场"这个范围，那也可以绘出一张学校教育与职场有部分重叠的图。

但是，无论是哪一种，位于主要位置的毕竟都是实际社会。而为了满足实际社会的需要，各个领域的人们都做出了不同贡献。比方说，金融界为社会供给资金，法律界为社会提供法律服务，而教育界为社会提供的是人才。

把两者的大小与关系画成图解的话，很明显实际社会位于中心位置。

理所当然地，教育界不过是提供符合社会需求的人才的一个单位。

然而，诸多讨论却都偏向以对等的立场看待教育与社会。本课中，图 17-1 和图 17-4 也都把学校教育和实际社会的大小画得几乎相同。与实际情况相比，显然学校教育的比重被过度放大了。

如果画成对立结构的图，那么学校教育的重要程度将几乎与实际社会相等。但是若采用包含关系，教育的重要性或优越程度自然会弱一些。

请各位记住，**采用不同的关系——对立关系、包含关系或重叠关系，会让论点产生巨大的改变。**

当和他人争论，对方提出对立意见时，只要用包含关系对他说："你的反对论点是我论点框架里的一部分。"那么要赢这场辩论就容易多了。其实，许多宗教家都常用这样的方法。

图 17-4　学生 N 图解电子报"久恒启一的教学日记"

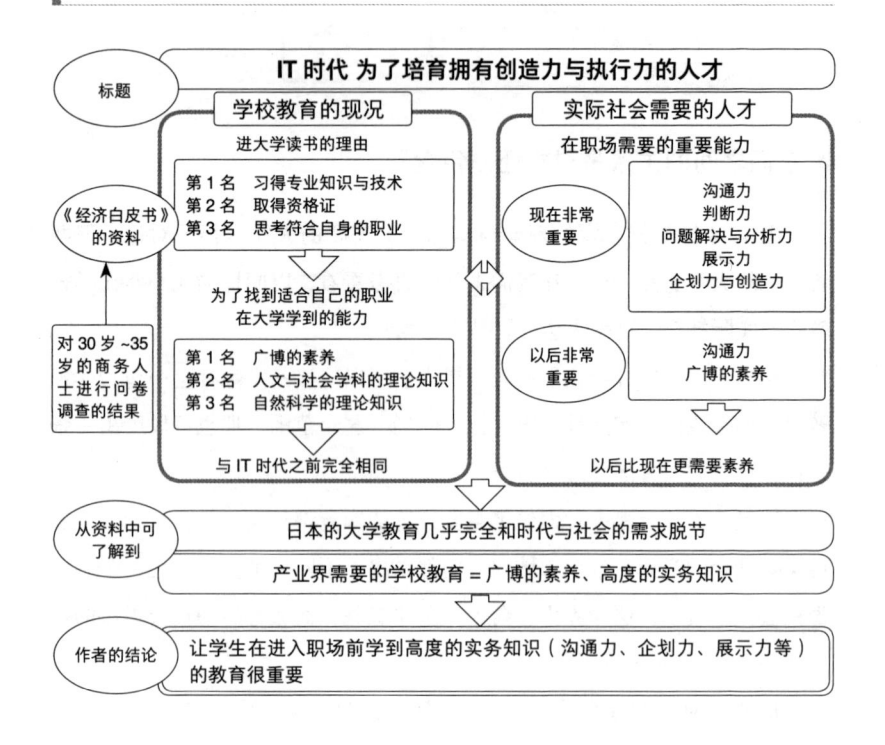

IT 时代 为了培育拥有创造力与执行力的人才

标题

《经济白皮书》的资料

对 30 岁~35 岁的商务人士进行问卷调查的结果

学校教育的现况

进大学读书的理由
第 1 名　习得专业知识与技术
第 2 名　取得资格证
第 3 名　思考符合自身的职业

为了找到适合自己的职业在大学学到的能力
第 1 名　广博的素养
第 2 名　人文与社会学科的理论知识
第 3 名　自然科学的理论知识

与 IT 时代之前完全相同

实际社会需要的人才

在职场需要的重要能力

现在非常重要
沟通力
判断力
问题解决与分析力
展示力
企划力与创造力

以后非常重要
沟通力
广博的素养

以后比现在更需要素养

从资料中可了解到
日本的大学教育几乎完全和时代与社会的需求脱节
产业界需要的学校教育 = 广博的素养、高度的实务知识

作者的结论
让学生在进入职场前学到高度的实务知识（沟通力、企划力、展示力等）的教育很重要

图解能浮现问题点

各位看图 17-1 到图 17-4 这 4 张图，有没有感到什么不可思议的地方？

我觉得有疑问的地方是，多数人明明说在大学学到了广博的素养，但在"所需的重要能力"中，今后需要广博的素养却又被列在第一位。

这是指大学时代习得的素养，在进入职场后却没有用吗？还是说社会需要的素养广博到连大学教育都远不能及？

我自己的理解是：虽然在大学时代可以习得一定程度的素养，但却没有学习到素养的意义，以及习得素养的方法。因此，进入社会后就很难用自己的力量继续提高素养。

那份问卷以 30 岁~35 岁的人为对象，也许这些人害怕自己到了四五十岁时，还没有足够的素养吧。当自己的地位变得越来越高，若没有足够的素养会很丢脸吧。

可惜大多数人在踏入职场之后，素养就渐渐变得贫乏。即使大学 4 年思考过许多事情，对职业与人生深入探索过，一旦踏入职场，就完全忘了人是为什么而活，开始过着上班工作、下班喝酒玩乐，然后回家睡觉，一觉醒来之后又马上去上班的生活，和朋友之间的话题只剩高尔夫。显然，对越来越失去素养的自己，也会感到这样继续下去并不妙。

事实上，把同样的问题拿来问四五十岁的人，也会发现他们基本跟三十多岁的人一样，有着完全相同的不安全感，觉得有必要习得更丰富的素养。不如这样说，由于四五十岁的人身处职场的时间比三十多岁的人长得多，因此甚至会比他们的素养还要低。

到底什么是素养？

关于素养，我有以下的看法。所谓有素养的人，就是会持续确认自己所处位置的人。

比方说，如果要思考"自己现在究竟在哪里"，就需要拥有历史与地理方面的素养。不只是人类的历史，从生物的历史着眼也很重要。如果要思考自己在宇宙中的存在，就需要有宇宙论的素养。而以所有丰富的素养为基础，经常发自内心反思自己生活的人，才可谓真正有素养的人。

所以，不是对形形色色的知识有着片段式的理解，而是把自己放在中心，进而探索知识的人，才能称为有素养的人。要修得素养，就要把自己当作核心，学习一切见闻。至少，时间轴与空间轴，也就是历史与地理，或是宇宙学、生物学等，都对确认自己的位置有所帮助。我试着图解"素养"而画出来的图，就是图 17-5。

图 17-5　为什么需要有素养？

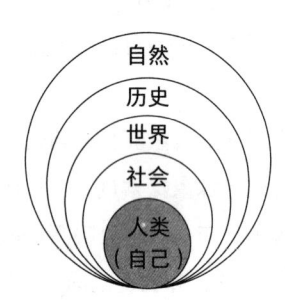

有素养的人 = 会持续确认自己所处位置的人

自然
历史
世界
社会
人类（自己）

经常有学生提出这样的疑问："为什么非上学不可呢？"我以这张图为基础，向高中生或大一学生讲解之后，绝大多数人都会认同我的说法。

并不仅仅是因为人需要有广博的知识，我会反问他们："你们活着时，每天不思考自己究竟位于何处，而是懵懂过日吗？"之所以选择上大学，是因为思考过这些事；之所以选择某个职业，也是因为思考过这些事。

相信有许多高中生心里都会想："为什么我非得读物理不可？"或"生物这种科目，我根本一辈子都用不到。"但是，为了知道自己在宇宙或自然界中是什么样的存在，物理、地理、生物等都是必修的科目。

对商务人士来说也是一样，为了确认自己所处的位置，基本素养自不必说；为了确认公司现状与定位，也有必要拥有相应素养。如果无法了解公司的历史及公司在社会中所处的环境，怎能有办法做出正确的决策？因此，有素养是必要的。

图解能让人修得素养

我要求我的学生每周画一张图解给我，什么主题都可以，并让大家一起讨论这些图解。

如此一来，学生们的能力突飞猛进。为了提交图解，大家每周必须阅读并深入思考一篇关于某一主题的文章，并且要为大家清楚解说这张图解。在这个过程中，很自然地就能修得素养。

并不是只要读了书就一定能获得素养，读完书以后觉得已经记住的那种"素养"马上就会忘记，顶多只能称为"像酒精一样容易挥发的素养"。

相对地，自己曾经认真思考过的内容，哪怕只有一次也好，也会深深地烙印在脑海中，烙印程度随着思考深度而异。所谓深度思考，其实就是探讨事物的关联与本质，因此图解也能派上大用场。

另外，在众人面前展示图解，大家会提出许多不同的意见。由于每个人看事情的角度都不同，因此借由别人的意见或疑问，能让自己有更多新发现。结果是，展示图解的场所变成了有着许多新发现、充满乐趣的场所，连我自己也能从中获益匪浅。

如果有10个人的话，除了自己的图之外，还能学到另外9个人在图解中呈现的知识。结果，在不知不觉中，每周都会有10个新知识深深烙印在自己脑中。

我建议各位也试着每周做一张图解，图解的对象可以是任何自己喜欢的主题。绘制这张图时，请尽可能把"我"这个主体放进图解里。因为想要修得素养，就要把自己放在中心位置，并学习各种知识。如此一来，就能确认自己所处的位置。

如果能以那张图为基础和别人讨论，那就更好了。从中一定会有新的发现，自己的思考水平也会不断提升。

图解自己的文章，才会发现思考浅薄之处

我将自己写的文章作为学生们图解的素材，但文章中整理和提炼论点的方法还是有太浅薄的地方，我因此一时陷入自卑之中。

如各位所见，依照问卷调查的结果，三十多岁的商务人士认为最重要的能力是"沟通力"。依据这一点继续思考的话，把商务人士需要的能力归纳为"高度的实务知识"似乎不大正确。

从问卷调查的结果来看，大家认为重要的能力并非会计或 IT 等实务知识，位居第 1 名与第 4 名的分别是沟通力和展示力。综合这两者，我发现应该把商务人士需要的能力归纳为"自我表达力"。

换句话说，三十多岁的社会人士最需要的并不是丰富的素养和高度的实务知识，而是丰富的素养与优秀的自我表达力。

事实上，我在大学教育现场感受到的是，学生们普遍缺少优秀的自我表达力。日本人通常比较欠缺自我表达力，不是吗？我认为其中一项原因，在于教育太重视文章，也就是写作力。

有些人认为，经常做图解可能会降低写作能力。事实上，图解能凸显出文章中存在的逻辑问题。所以，在写文章前或写完文章后，**以自己的文章为素材做一张图解，是训练写作能力的重要方式**。以本书的责任编辑为例，他说从小学起，老师就教他"文章的结构就像一条鱼，有头（序言）、身体（正文）、尾巴（总结）"，在进入大学开始学习如何写报告之前，都没有老师好好教他文章的逻辑结构。我认为，如果能在学校多多教导图解这种表达方法，孩子们的自我表达能力以及写作能力、逻辑思考能力一定能更上一层楼。

▼ 这样图解就对了!

- 图解时,要抱着"绘制一张超越原文的图解"的想法着手绘制。
- 在比较两件事物时,要思考它们是位于同一层级,还是属于包含关系,或是处于何种上下层关系。如此一来,就能大幅度改变论点。
- 图解自己的文章也是培养写作能力的重要训练之一,文章的逻辑可以因此更为明确。

◎自己动手做图解◎电子报

久恒启一 久恒启一的教学日记第 7 期

（2000 年 8 月电子报）

这一回，我要介绍的是之前跟各位提过的"有趣的数据"。

当我们针对如何培育出 2002 年《经济白皮书》中所述的"IT 时代所需的、拥有创造力与执行力的人才"，而思考学校教育的现况与实际社会需要的理想人才时，这些数据提供了相当好的参考。

数据来自《经济白皮书》，对 30 岁~35 岁的上班族进行了问卷调查。

首先，是"进大学读书的理由"。

第 1 名是习得专业知识与技术，第 2 名是取得职业上必需的资格证，第 3 名则是思考适合自身的职业。

也就是说，大部分人是为了找到适合自己的职业，而进大学读书的。
（数据出处：文部科学省"关于学校教育与毕业后出路的调查"）

接下来看看"职场需要的重要能力与在大学学到的能力"这项数据。
（数据出处：日本劳动研究机构"大学毕业后的职业调查"）

首先，在大学学到的能力方面，第 1 名是丰富的素养，第 2 名是人文与社会学科的理论知识，第 3 名是自然科学的理论知识。这显示现在的大学教育和几十年前的大学教育完全相同，一点都没有改变。

其次，调查结果显示，现在非常重要与未来非常重要的能力中，有沟通力、判断力、问题解决与分析力、展示力、企划力和创造力。另外，在未来非常重要的能力中，丰富的素养与沟通力并列首位。这让我们知道，未来对素养的需求会比现在更高。

借由这些数据可以看出，日本的大学教育几乎完全不符合时代与社会的需求。这与现在正在社会上活跃的三十多岁的人们的需求之间存在很大的落差。产业界对以大学为首的学校教育的要求是丰富的素养以及高度的实务知识。

让学生在踏入职场前便习得沟通力、企划力与展示力等的教育，想必会变得越来越重要。而这份数据同时也佐证了野田一夫校长在宫城大学开设由我担任教授的"自我表达教育"讲座的目的与想法。大家的感想如何？

第 18 课　动手练习图解广告

如何兼顾图解的逻辑与趣味？

▌插图，让大家都能轻松一下！

本课的图解素材是日本石川县的知名酒厂"菊姬"刊登于《日本经济新闻》（2001年12月15日）的一则广告——"'菊姬'从新酒品鉴会消失的原因"（原文刊载于本课最后）。

菊姬是连续在日本国税厅酿造研究所主办的全国新酒品鉴会中拿下大奖的日本酒。但是，自平成十三年（2001年）开始，菊姬不再参加日本全国新酒品鉴会。原因据悉是主办方换为独立行政法人酒类综合研究所，改变了新酒品鉴会的内涵与评价标准。

当初我任职于日本航空宣传部时，曾经参与"在头等舱供应大吟酿"项目组。这是电子合成器演奏大师富田勋先生向当时的日航社长提出的建议，也因为这个项目，让我深深地被菊姬、西之关、香露等日本酒的魅力所吸引。由于这是一则与我有上述渊源的"菊姬"刊登的广告，论点也清楚明了，再加上酒对参加图解教室的学生们来说也是日常生活中非常熟悉的事物，所以我让学生们试着图解这则广告。

在3张图解当中，最引人注目的是图18-1，图中日式酒杯的插图充满趣味，我觉得非常好。

基本上，我教给大家的是以逻辑为主的图解，很容易变得过于理性、平淡且严肃。此时不妨加进一点插图，创造轻松而充满趣味的气氛。

配合主题与目的适当加进一些插图，也是一件很有趣的事。尤其是这张图，正好把"饮用享受"这个关键词摆在酒杯插图里，更是绝妙的搭配。也有许多类似的做法，比如讲到金钱时，就加上纸币或硬币的插图等。

不过图18-1在逻辑表达方面，还有一些改善的空间。

图 18-1　学生 O 图解广告 "'菊姬'从新酒品鉴会消失的原因"

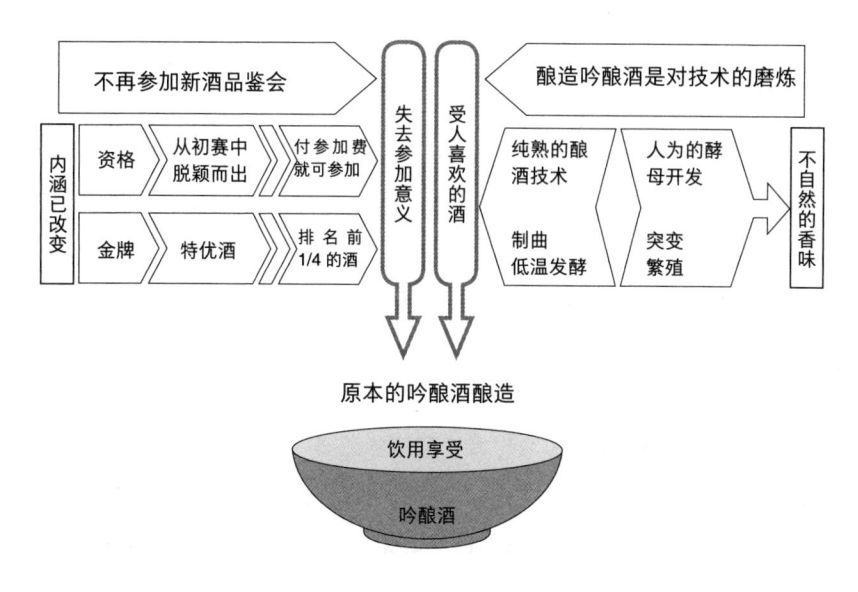

左侧区块应该是在表达参加标准及金牌的评选标准从"激烈的初赛中的胜出者才有资格参加,再从参加者中评选出特别优秀的酒"变成"付费就可参加,在参加者中排名前 1/4 的酒都能得奖"。但是,由于图中使用了幻灯片等展示软件中常用于表达时间顺序的流程图符号,反而不易懂。用圆圈和箭头重新做一张图的话,应该能易懂许多。

右侧区块也是如此。"纯熟的酿酒技术、制曲、低温发酵"的部分和"人为的酵母开发、突变、繁殖"的部分之间,让人看不出彼此的关系。更好的表达方法是"左边的部分是〇,右边的部分是×,菊姬属于左边区块"。而右边区块有"不自然"这个关键词,所以如果在左边区块能加进"自然"这一关键词的话,对比关系会更清楚。用成对的词语表示对比关系,能让读者心安,图解看起来更具稳定性,论点也会更清楚。

明确列出结论

图 18-2 是把"过去"与"现况"分开图解的一张图。分类方式相当

明确，但左侧区块中有错误。左侧区块有个箭头从"过去"引出来，连接到"参加不再有意义"。其实这个箭头应该从"现况"引出来。因为"这项比赛以往参加很有意义，但是现在完全失去了参加的意义"，所以箭头应当从现况引出来。

此外，这张图的论点比较清楚：原本是想通过酿造专用于品鉴会的吟酿酒磨炼技术，让师傅们之间彼此切磋精进，以酿造香味、口味和余味俱佳的酒；现在则变成用谁都能酿得出香气的酵母，为酒加上了不自然的香味，以致即使刚开始的几口喝得下去，后来也会因为香味太强而难以入口。不过，菊姬未来也会继续坚持，走在一直以来酿造吟酿酒的正道上。这张图解充分表达了广告的含义。

图 18-2 以"新酒品鉴会"及"酿造吟酿酒"两个角度分别对过去和现况进行比较，因此"过去"和"现况"的关键词各有两个，但这可能会使读者感到混乱。如果有办法的话，把过去和现况统一起来，应该会更容

图 18-2 学生 P 图解广告"'菊姬'从新酒品鉴会消失的原因"

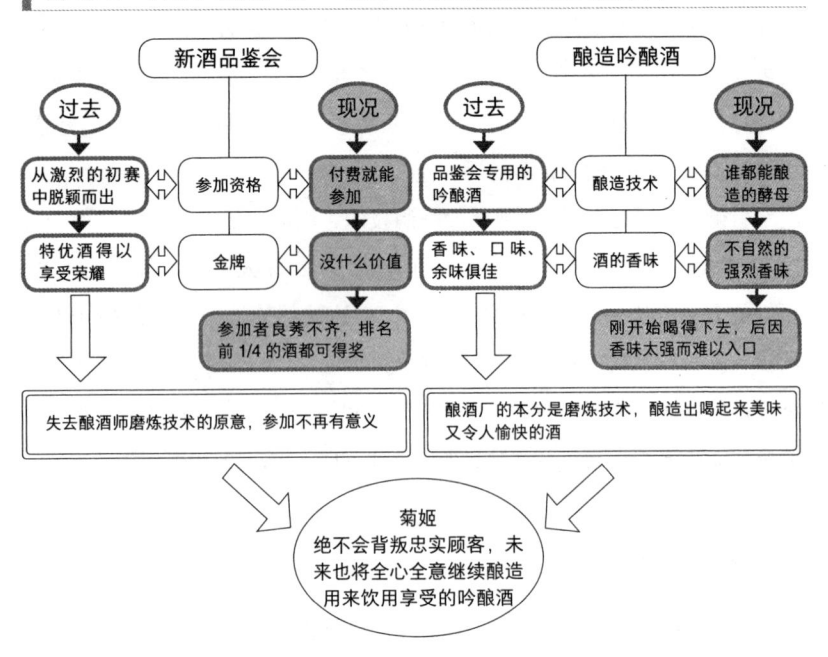

易令人了解。

但是，图 18-2 明确导出了结论，这一点很值得称许。相较于其他几张图，图 18-2 传达的信息更明确。而且，结论以大字写在下方正中央，也让读者一看就知道是结论。只要读了结论，就已经能大致了解这张图的论点。

不懂的地方，先留白也无妨

图 18-3 在左侧区块对新酒品鉴会"到去年为止"和"从今年开始"的差异进行了图解，并在右侧区块表达了酿造吟酿酒应有的样貌，这也是清楚易懂的表达方式。而且，明确标示出原本该有样貌的图解只有图 18-3。

这张图解画了"口味""香味""余味"3 个圆圈相互交叠的图；但我曾经听说，酿酒时要平衡的 3 个重点分别是"口味""香味"以及"颜色"。原文的广告中写的是"香味与口味能取得平衡，且喝下去后的余味非常好的酒"，也许因为是日本酒的关系，所以没有颜色，香味及口味成为了重点。

所谓的口味及余味，恐怕是不一样的感觉。口味是由舌头尝出来的，余味则来自喉底深处。依照图中的表达法，要在 3 个圆圈中画一个从香味开始的箭头；也可以用人脸表达口味、香味、余味分别是哪个阶段感受到的，说不定也很有趣。如此一来，就能了解到品味日本酒的顺序依次是香味（鼻子）、口味（舌头）和余味（喉咙）。

当然，话说回来，关于品酒的部分，如果不向专家进一步确认，就无法真正了解。此时不妨以"目前基本是这样"的态度暂时搁置，之后再请教专家或研究相关资料。图解时遇到不确定的地方，"暂时留白"也是技巧之一。

写文章时，很难运用暂时留白的技巧，一般来说，只要遇到弄不清楚的地方，当场就会卡住。实际上，写文章很难实现"不懂的地方先搁着，跳过去继续往下写"这种事情。

但是对图解来说,由于已完成整体架构,所以细节部分即使有不明之处,也很容易留白。即使有少数空白的地方,也不至于对整体有太大的影响。对于空白之处,等弄懂之后再补入即可。因此,在图解的过程中如果**遇到不懂的地方,可以暂时留白**。

另外,图 18-3 既然已经明确表达了"吟酿酒应有的样貌"这个概念,就应该以此为施力点继续发挥,将菊姬的愿景(理想中的吟酿酒)、品鉴会的评选标准等也画进图解里。这个时候,要把身为主角的"菊姬"配置在图中的主要位置,表达出虽然菊姬的愿景并没有改变,但是新酒品鉴会的方向却改变了。

图 18-3 学生 Q 图解广告"'菊姬'从新酒品鉴会消失的原因"

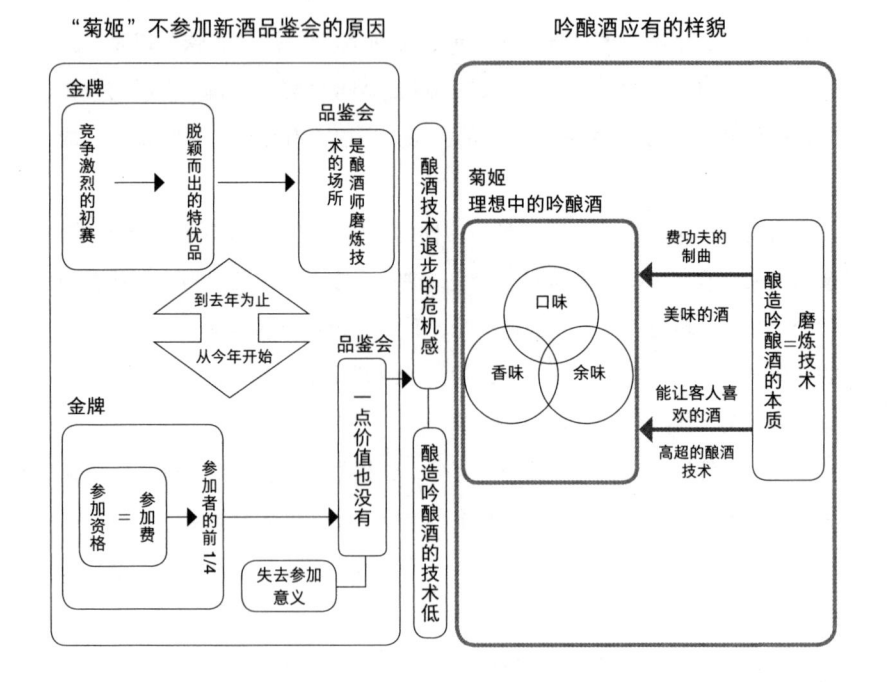

重组素材的方式正是所谓的思想

比较这堂课中的 3 张图，会发现图 18-1 抱持着玩心，明确标示了菊姬的愿景；图 18-2 则清楚图解了过去和现在的差异；图 18-3 勾勒出了吟酿酒应有的样貌。

虽然图解素材相同，但是表达方式因人而异。根据角度的不同，以及素材组合方法的不同而有着不同的呈现。这就是所谓的"思想"。我们也可以说，组合方法的差异，其实就是"个性"。

我们读一本书的最终目标，并不是了解别人的想法，而是拥有自己的想法。目前的学校教育，一向都把"正确了解别人的说法"作为学习目标，从而使得"自己的想法"无法受到瞩目。

然而，我们终究无法做到正确了解别人的想法。我们每个人都是以自己的立场与观点了解别人的，所以可能误判事实或揣测失准。因此，想要正确了解别人的想法是一件很困难的事。

我认为，与其要求完全了解别人，不如以目前能够了解的部分为素材，将它们作为自己当下想法的基础，再具体表达出来，这才是更重要的事情。

如果自己不先主动打好基础，就无法在上面组建任何东西。即使是勉强拼凑，那些用来凑数的别人的意见也会马上崩解。希望大家能运用图解的技巧，养成对事物深入思考的习惯，为自己构建意见的基础。

▼ **这样图解就对了！**

- 图解是设计逻辑的过程，不过配合主题与目的加点玩心也不错。
- 图解的过程中遇到不懂的地方，暂时留白也没有关系。
- 图解有助于构建自己的思考基础。

◎自己动手做图解◎广告

加贺菊酒本铺 "菊姬"从新酒品鉴会消失的原因

（2001 年 12 月 15 日刊登于《日本经济新闻》的广告）

新酒品鉴会的内涵已经改变

从 2002 年开始，日本国税厅不再主办全国新酒品鉴会，而是由酒类综合研究所取而代之。最大的改变是，只要支付参加费，什么酒都可以参加品鉴会。原本需要在各地区经过激烈的初赛，从中脱颖而出者才能得到的参加资格，现在已经不再需要。

另外，过去会对通过初赛的参赛酒进行二度评选，从中选出的特优酒才有获得"金牌"的荣耀。但是，从 2002 年开始，虽同样叫作"金牌"，却变成在参赛者良莠不齐的环境下，排在前 1/4 的酒都可得到的称号，变得没有一点价值可言。

追本溯源，品鉴会原本的目的纯粹是为了磨炼酿酒师的技术。也正因为这样，历经辛苦得来的金牌才有价值。

现在的新酒品鉴会乍看之下似乎一样，但内涵却已完全不同。

对于生产菊姬的酿酒厂来说，如今的品鉴会已没有任何参加的意义。

原本的"吟酿酒"的意义

吟酿酒原本是专为品鉴会酿造的酒，而不是以饮用为目的制造的日本酒。吟酿酒要经过酿酒师夜以继日的制曲、在酿造失败边缘的"腐造"环境下进行低温发酵的过程，才能产生丰富的香味与良好的余味。没有炉火纯青的酿造技术，是无法制出吟酿酒这种佳酿的。

近几年，日本全国各地都开发出经由人工制造的酵母突变或繁殖而来的酵母，这些酵母能酿造香味强烈的酒，也已被实际用在酿酒工序里。然而，用这种谁都可以酿出香味的酵母来酿酒，究竟有何意义？如果这种酿酒方式继续下去，原有的人工酿造技术迟早会消失。酒厂的本分是酿造出美味的酒、消费者喜爱的酒，不断磨炼酿造技术，这才是酿造吟酿酒真正的内涵，不是吗？

带有不自然的强烈香味的酒，即使刚开始的一两口喝得下去，接下来也会因为香味太强而变得呛鼻，渐渐难以入口。香味与口味相互平衡，喝下去后的余味非常好的酒，才能让人百喝不腻，不断想举杯再饮。

菊姬，当然是以后者为目标。

菊姬未来也绝对不会背叛各位的期待，将全心全意坚持酿造用来饮用享受的吟酿酒。

第19课　动手练习图解报纸专栏

如何以问答方式架构图解？

> **有问就要有答**

第19课以《日本经济新闻》的"简单经济学"专栏为图解素材，一桥大学教授野中郁次郎于2002年1月3日在此专栏发表了文章《管理学真有趣》（原文刊载于本课最后）。野中教授是日本知名管理学者，以提倡"知识管理"闻名国际。

一般公认"简单经济学"的内容一点也不简单，不过，我认为连载于2002年初的"管理入门"是个非常好的系列。我对野中教授的论文特别感兴趣，还特地做成剪报留存下来。

每次的论文都是非常短的一篇文章，但内容却相当深厚扎实。因此我希望学生们能借着图解了解这篇文章。

我们先从图19-1开始，这张图的优点在于一开始就明确揭示了图解的主题。图解以"管理学究竟在学些什么？""管理学为什么有趣？"这两个问句作为主题，非常简单易懂。

接下来，只要能够答出"管理学就是在学这个！""管理学的这个地方很有趣！"这两个答案，就是一张清晰的图解。这张图的切入点非常好，因此只要改善一些小细节，就能成为一张很好的图解。

不过，图19-1有3个地方让人觉得有点奇怪。首先，在左右两侧各列出3个项目，且各个项目间分别用箭头相连。我认为有必要深入探讨这几个要素是否真的是一对一的关系。比方说，位于第1列及第2列的要素，多多少少有点成对的关系，但是第3列的要素让人看不出是否成对。遇到这种状况，其实没有必要执着于分别成对，只用一个箭头就足够了。

其次，左下角的包含关系中，看起来似乎是"个人"→"群体"→"组织"→"环境"，最上层是"综合科学"。但是，事实真的是这样吗？

图 19-1　学生 R 图解报纸专栏"管理学真有趣"

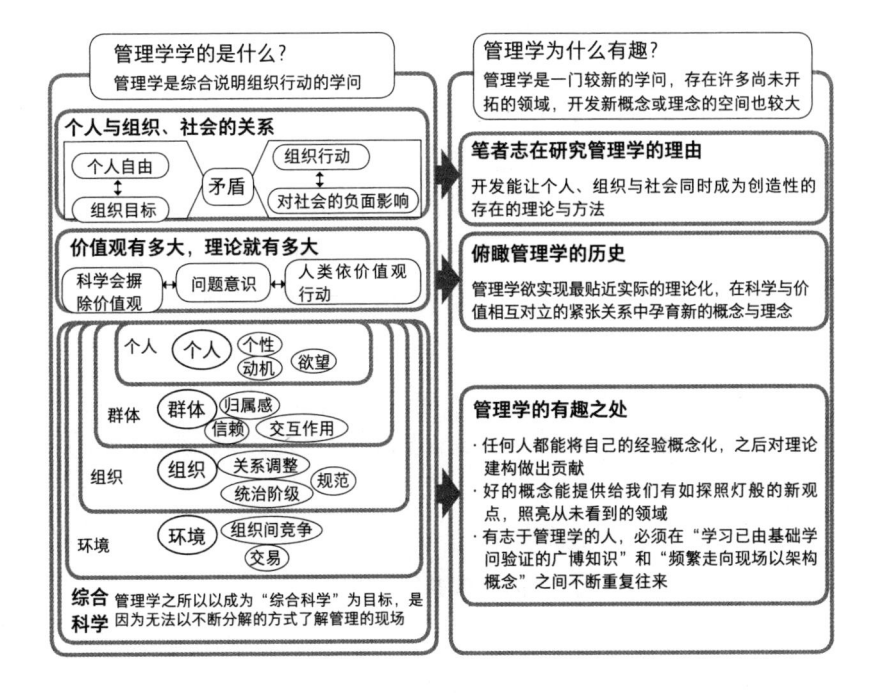

```
┌─────────────────────────────────┐  ┌─────────────────────────────────────┐
│ 管理学学的是什么？              │  │ 管理学为什么有趣？                  │
│ 管理学是综合说明组织行动的学问  │  │ 管理学是一门较新的学问，存在许多尚未开│
├─────────────────────────────────┤  │ 拓的领域，开发新概念或理念的空间也较大│
│ 个人与组织、社会的关系          │  ├─────────────────────────────────────┤
│  ┌─────┐      ┌─────────┐       │  │ 笔者志在研究管理学的理由            │
│  │个人自由│ 矛盾 │ 组织行动 │      │→ │ 开发让个人、组织与社会同时成为创造性的│
│  │ ↕   │      │ ↕       │       │  │ 存在的理论与方法                    │
│  │组织目标│      │对社会的负面影响│  ├─────────────────────────────────────┤
│  └─────┘      └─────────┘       │  │ 俯瞰管理学的历史                    │
├─────────────────────────────────┤→ │ 管理学欲实现最贴近实际的理论化，在科学与│
│ 价值观有多大，理论就有多大      │  │ 值相互对立的紧张关系中孕育新的概念与理念│
│ ┌─────┐ ┌─────┐ ┌─────────┐    │  ├─────────────────────────────────────┤
│ │科学会摒│ │问题意识│ │人类依价值观│  │ 管理学的有趣之处                    │
│ │除价值观│ │       │ │行动       │  │ ·任何人都能将自己的经验概念化，之后对理论│
│ └─────┘ └─────┘ └─────────┘    │  │  建构做出贡献                       │
│ 个人 ┌个人┐┌个性┐              │  │ ·好的概念能提供给我们有如探照灯般的新观│
│      │动机│└欲望┘              │→ │  点，照亮从未看到的领域              │
│ 群体 ┌群体┐┌归属感┐            │  │ ·有志于管理学的人，必须在"学习已由基础学│
│      │信赖│└交互作用┘          │  │  问验证的广博知识"和"频繁走向现场以架构│
│ 组织 ┌组织┐┌关系调整┐┌规范┐    │  │  概念"之间不断重复往来              │
│      └──┘ │统治阶级│└──┘      │  └─────────────────────────────────────┘
│           └────┘                │
│ 环境 ┌环境┐┌组织间竞争┐        │
│      └──┘ │交易       │        │
│           └──────┘              │
│ 综合 管理学之所以以成为"综合科学"为目标，是│
│ 科学 因为无法以不断分解的方式了解管理的现场│
└─────────────────────────────────┘
```

第三，图 19-1 中各项目的内容看起来并不是针对问题做出的回答。**既然都已经提出问题了，如果下方的各项目能以"答"的形式来呼应，整个论点就会变得非常清楚。**

让我们先来看看左侧的区块。左侧区块的标题是一个问句——管理学学的是什么？

为了让最上面的项目看起来像"答案"，让我们试着将它改成"学的是组织的行动"。原文讲的其实是组织与个人的关系，以及组织与社会的关系。但照着写的话会变得太复杂，所以我们在此把它简化为"组织的行动"这个单一要素。

左侧由上方数下来的第二个项目，改成"学的是由科学与价值观间的紧张关系孕育出的概念"。

左侧最下方的项目，则改成"学的是个人与组织的交互作用"。

接下来，让我们来看看右侧的区块。右侧区块里的要素必须是对"管理学为什么有趣？"这个问题的回答。

最上方"笔者志在研究管理学的理由"这句话并未回答这个问题，因此应该删掉"笔者"这个切入点，改成"因为管理学是一门能让个人与组织拥有创造性的学问，所以非常有趣"。

第二个项目让人不禁觉得话实在太长了。看到这长达三行的文字，肯定会有很多人不想读下去，所以让我们用短一点的语句来表达它。在这里，我们把它改成"因为科学与价值观相互对立，所以有趣"。

最下方的项目，是以条目式写法写着三点要素。让我们把这三点分别改成"因为任何人都能参加，所以有趣""因为拥有一个概念就能综观整体，所以有趣""因为需要进行基础学问与现场间的频繁互动，所以有趣"。

然后，让我们把上述要素重新思考一下。

"管理学学的是什么？"的回答如下：

1. 学的是组织的行动；
2. 学的是由科学与价值观间的紧张关系激发出的新概念；
3. 学的是个人与组织的交互作用。

但如果只是这样，就跟条目式写法没什么不同。所以让我们把这3个要素之间的关系再重新建构一次。如此一来，会发现第1点和第3点似乎可以整理在一起。

而"管理学为什么有趣？"的回答则是：

1. 管理学是一门能让个人与组织拥有创造性的学问，所以非常有趣；
2. 科学与价值观相互对立，所以有趣；
3. 任何人都能参加，所以有趣；
4. 拥有一个概念就能综观整体，所以有趣；
5. 需要进行基础学问与现场间的频繁互动，所以有趣。

把这几个项目进行图解后再来说明也可以，不过经过一番整理思考后，会发现上述这几点可以用 what 与 how 来做整合。也就是说，能够归纳成"管理学学的是什么"（what）的"学习对象"是有趣的，以及"如何学习"（how）的"学习方法"是有趣的。

当然，还有另外一个要素，是"作为研究成果的理论其应用范围很大，所以有趣"。但由于会让图解变得复杂，所以建议最好能聚焦在 what 和 how 这两点重新整理。

不断聚焦主体，到只剩一个为止

相较之下，图 19-2 是一张整理得比较简洁的图。不过可惜的一点是，上方区块和下方区块之间无法找到关联。这一点，从"管理学"这个关键词重复出现两次也能够看出来。

以这张图来说，"管理学"应该是主体，但这张图却放进了两个主体。打个比喻的话，就好像存在两个"我"一样。

一张图里，应该只能存在一个"我"。如此一来，才能明确浮现焦点。

这张图如果能把"管理学"这个关键词聚焦为一个，应该更容易传递信息。而上方和下方区块之间，也自然会产生关联。

不过我还是要称赞一下，图 19-2 右上方的区块画得非常好。原本科学并不包含价值观，A 就是 A，B 就是 B，没有价值观进入的余地。然而，人类也会依照价值观做出一些非理性的行为，导致和科学之间产生紧张关系。新的问题意识由此而生，并孕育出新概念或新理念。我认为此处把管理学的特征表达得相当好。

另外，以管理学为志向者，能借着现场与知识间的互动产生新概念，对管理学做出贡献，这在下方区块表达得非常好。

关于个人与群体、组织、环境的关系，相较于采用树形图的图 19-2，采用包含关系的图 19-1 似乎表达得更好。

图 19-1 与图 19-2 的作者如果能够互相学习，把对方的优点活用到自己的图中，应该能完成更完美的图解。

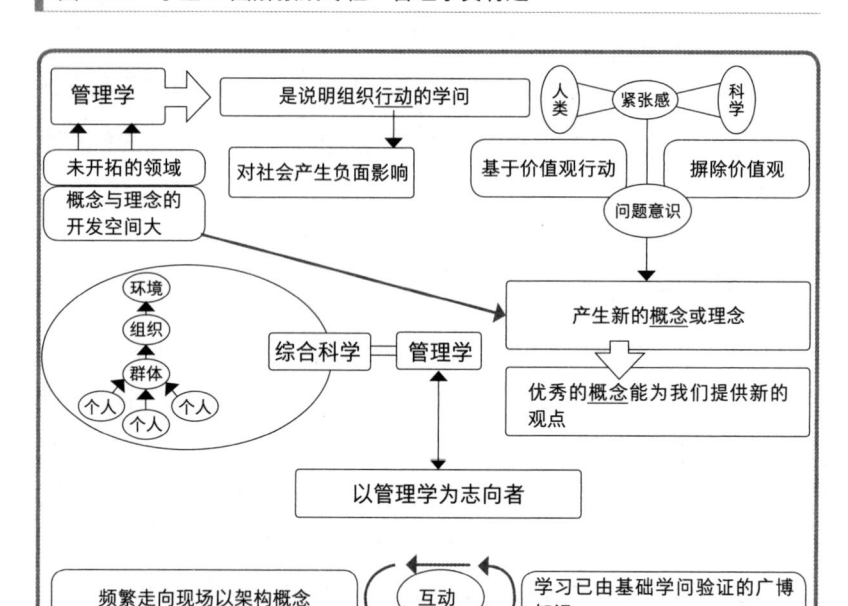

图 19-2　学生 S 图解报纸专栏"管理学真有趣"

```
管理学 ⇒ 是说明组织行动的学问           人类—紧张感—科学
  ↑                                      
未开拓的领域    对社会产生负面影响    基于价值观行动   摒除价值观
概念与理念的
开发空间大                                  问题意识
                                              ↓
     环境                               产生新的概念或理念
     组织            综合科学—管理学          ⇓
     群体                               优秀的概念能为我们提供新的
   个人 个人                                   观点

                        以管理学为志向者

  频繁走向现场以架构概念    互动    学习已由基础学问验证的广博
                                    知识
```

讨论,掀起图解的战争

野中教授的原文中描述,管理学的特征是不断在现场与理论之间互动。最后,我们要针对这一点进行探讨。

这是经济学和什么学问比较时的特征呢?大致上,所有被称为实验科学的学科,都是在现场与理论之间一来一往的过程中孕育而生的。所以,从这个角度来说,这一点并非是管理学才有的特征。

那么,我们可以想象在这篇文章中被设定为管理学的对立概念的并非实验科学。我猜想,这个被拿来和管理学做对比的学科应该是经济学。相较于经济学,管理学确实是一门更重视"现场"的学问。思考管理学一向把经济学当成假想敌的背景,也让人觉得这个可能性更大。

另一方面,主修经济学的人对管理学抱持什么看法呢?恐怕很多人认为"管理学是经济学的一个分支",这从日本的大学科系也能看出来。在日本，多数大学的管理学是在"经济学院"下面的"管理系"里，给人一种管理学包含在经济学里的印象。

把这两者的关系做成图解就很清楚了。以科系组成来看，管理学是被包含在经济学里的。但是，为了实现自我主张，如果仍把自己放在包含或从属的架构中，就完全没有胜算，所以在进行讨论时，主修管理学的人会把自己与对方分为彼此独立的学科，以对立的关系进行讨论。

有很多讨论，好好整理的话会发现常常是"图解的战争"，当讨论碰到瓶颈时，用图解整理论点，便能看出彼此论点的差异之处与新的方向，而这应该也能提高自己在逻辑上不输于对方的技巧。

▼ 这样图解就对了！

- 如果主题以"问"的形式提出，以"答"的形式描述结论即可完成图解。
- 如果是"答"，就要有让人看得出是"答"的形式。
- 聚焦到一个"我"（主语），图解的焦点才会明确。

◎自己动手做图解◎报纸专栏

野中郁次郎 管理入门　绪论　学什么？① 管理学真有趣

（2002 年 1 月 3 日《日本经济新闻》"简单经济学"专栏）

　　管理学，是一门综合说明组织行动的学科。管理学至今的历史不到百年，是一门较新的学科，存在许多尚未开拓的领域，开发新概念或理念的空间也大。

　　个人与组织、社会的关系，有时会彼此矛盾。个人的自由与组织的目的可能产生冲突，组织的行动有时也会对社会造成负面影响。笔者之所以志在研究管理学，就是希望能够开发出让个人、组织与社会同时成为创造性存在的理论与方法。

　　关于管理学的学习，笔者一路最重视的便是问题意识。科学会摒除价值观，但人类却会依据价值观行动。为什么要研究管理学？对此，研究者的价值观有多大，理论面就有多大。关于研究社会科学的方法论，社会学家马克斯·韦伯（Max Weber）提倡的是"价值判断"这个概念。这并非否定研究者的价值观，而是主张应以科学根据为基础，明确区分事实判断与价值判断。

　　回顾管理学的历史，会发现"科学"这个特性并不一定是完美理论的条件。因为背后没有强烈"意念"的理论，就无法感动人心。相反地，未经科学证实但拥有影响力的理论，则能够触发研究者对知识的好奇心，成为指向新理论的路标。想要在最接近实务的层面将思想理论化的管理学中，新概念与新理念会在科学与价值观相互冲突的紧张关系中孕育而生。

　　管理学把各式各样的问题分成特质相异的个人、群体、组织、环境等不同单位进行思考。个人拥有不同的欲望与动机，一旦聚集了两个人以上，便开始进行交互作用，产生归属感与信赖感。调整多个群体的关系，决定统治阶层或制定行动规范，便会成为组织。组织所处的环境，也就是市场中存在交易及组织间的竞争。在管理的现场，无法只靠因子分解的方式进行了解。因此，管理学以成为"综合科学"为目标。

　　管理学有趣的地方在于，任何人都能将自己的经验变成概念，进而对建构理论做出贡献。好的概念能为我们提供有如探照灯般的新观点，照亮至今未曾看见的领域。志在管理学的人，必须在"学习已由基础学问验证的广博知识"与"频繁走向现场以架构概念"之间往来，不断精进。

第 20 课　图解你的工作

如何以图解开启一场工作革命？

▌只点"赞"是不够的，自己动手做图解才回本！

到第 19 课为止，我们大致已经完整说明了图解的基本技术与实例。相信各位已经了解，如果能借由圆圈与箭头把结构与关系明确化，就能图解许多事物。其表达方式相当自由，能充分展现作者的个性。所以在最后，作为本书所有练习的一个总结，希望大家试着图解一下下方的例题。

【练习】动手图解自己的工作内容

也许一开始没办法画好，但请各位重复几次尝试错误的过程，想办法画一张简单明了的图解。图 20-1 是我图解的自己的工作，供大家参考。当然各位不一定要像我一样画得这么详细，简单一点也没关系。总之，先试着动手画出图解。

到现在为止，我已经在无数家企业与自治团体担任过图解研习讲师，根据经验在此向各位提供一条建议。

各位在自己的图解中，有没有把"客户"这个要素画进去呢？比方说，如果你是地方公务员，有没有把"居民"这个要素画进去呢？

可惜的是，即使身为商务人士，绝大多数人画出来的图解并没有把"客户"画进去。地方公务员画出来的图，也有相当多的图解里面找不到"居民"这个要素。

第 3 章　应用篇　图解，是展现个性的表达法 / 163

图 20-1　图解久恒启一的工作

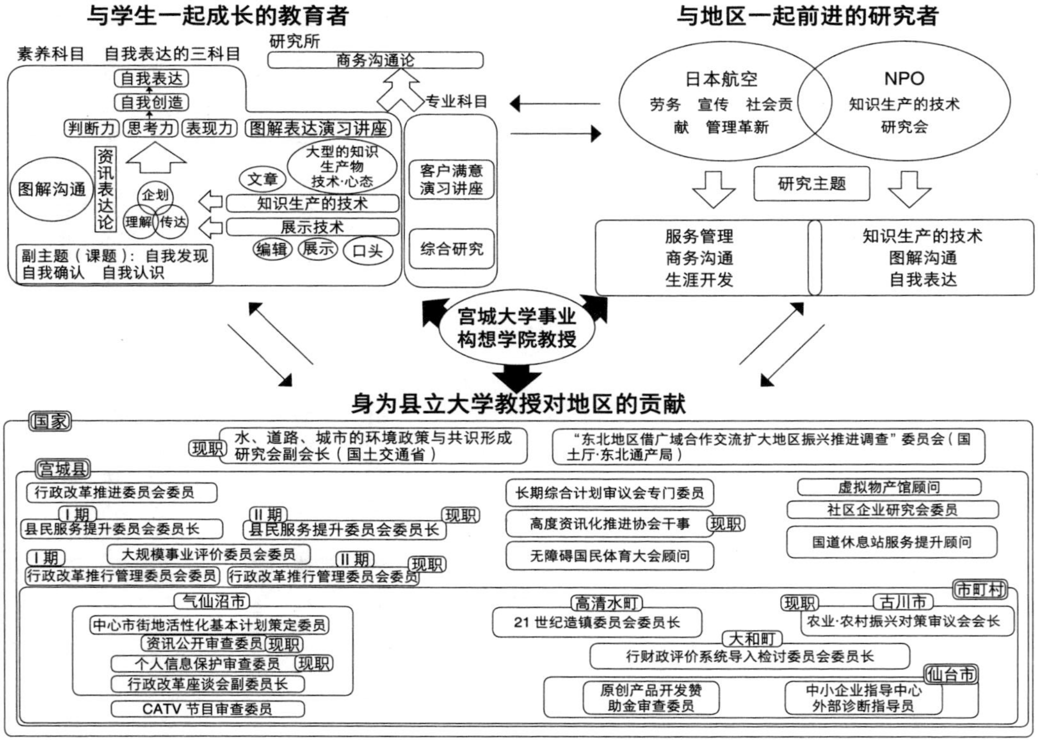

与学生一起成长的教育者

素养科目　自我表达的三科目
- 自我表达
- 自我创造
- 判断力/思考力　表现力　资讯沟通论

副主题（课题）：自我确认　自我认识
图解沟通

专业科目　商务沟通
- 图解表达演习讲座
- 客户满意演习讲座
- 综合研究

大型的知识生产物　技术·心态
- 文章
- 知识生产技术
- 展示技术　编辑（展示）　口头

与地区一起前进的研究者

- 日本航空：劳务 宣传 社会贡献 管理革新
- NPO 知识生产技术研究会

研究主题
- 服务管理 商务沟通 生涯开发
- 知识生产的技术 图解表达

身为县立大学教授对地区的贡献

宫城大学事业构想学院教授

国家
- 水、道路、城市的环境政策与共识形成研究会副会长（国土交通省）
- "东北地区广域合作交流扩大地区振兴推进调查"委员会（国土厅·东北通产局）
- 长期综合计划推进专门委员
- 高度资讯化推进协会干事
- 无障碍国民体育大会顾问

宫城县
- 【现职】行政改革推进委员会委员
- 【I期】县民服务提升委员会副会长
- 【I期】大规模事业评价委员会委员长
- 【I期】行政改革推行管理委员会委员

气仙沼市
- 【现职】中心市街地活性化基本计划策定委员
- 【I期】行政公开审查委员会副会长
- 个人信息保护审查委员
- 行政改革座谈会副会长
- CATV节目审查委员

高清水町
- 21世纪造镇委员会委员长
- 行财政评价系统导入检讨委员

大和町
- 原创产品开发费助成审查委员

吉川町
- 现职·农业·农村振兴政策审议会会长

市町村
- 虚拟物产馆顾问
- 社区企业研究会委员
- 国道休息站服务提升顾问

仙台市
- 中小企业指导中心外部诊断指导员

【练习】动手图解自己的工作内容

如果像第 3 课中提到的，从高处用"鸟瞰"的方式进行图解的话，不应该出现没有把"客户"或"居民"画进去的图解。

你了解自己的"工作"吗？

虽然在图 20-1 中没有特地画出来，但在我三大工作主轴的"社会贡献"及"地区贡献"中，包含了以地方公务员为对象的演讲及研习会。其主题各有不一，比如在日本东北地区举行的公务员研习营"展示研习"中，正是以"图解自己的工作"这个主题举办了四五年的研习会。

这个以三十多岁至四十多岁的中坚行政人员为对象举办的研习会，集合了日本东北六县的县政府公务员以及乡镇村里的行政人员，每次大约有 50~70 人前来听课。

我认为这个研习在两个方面有着非常大的成果。其一，让学员们了解到"图解沟通"这个新的想法与技巧，应用范围既广且深；其二，透过这项课程，我搜集到了超过 500 张公务员用心绘制的图解。

看着公务员们图解自己的工作，仿佛政府部门所有工作领域的内容都在眼前展开，甚至会让人觉得感动。看着这些图解，就好像能看到那些认真的公务员脑中的想法。拜此之赐，也让我彻底了解了地方公务员的工作观。

同时，通过这个研习会，参加者对自己的工作有了许多新体验与新发现。虽然工作是日复一日的，不过在图解自己的工作时，发现自己其实并没有掌握到工作的整体内容或执行要领，因此大吃一惊的公务员也大有人在。也有人在一开始的图解中没有画上"居民"，这跟在民营企业中举办的研习会上，很多人没有把"客户"画进去是同样的现象。

也有一些让人觉得有趣的图，比方说，只画了预算相关工作的图，或是画出一张工作内容是每天都在盖章的图。还有个有趣的经验，一位负责大型公共建设的承办人画出来的图解被同事批评："你自己身为负责人都搞不清楚工作内容，更何况是居民？"

虽然工作已经像吃饭睡觉一样是每天习以为常的事情，也许正因为这样，一旦要掌握整体并画成图解，还真是出人意外地难上加难。"跟谁、跟哪个部门有着什么样的关系？存在什么样的利害关系人？自己的工作在整体中的定位是什么？工作的最终目标是什么？执行前对成果抱有什么期待？"等，真的会让人越想越混乱。

我建议大家实际动手做图解。在尝试画出图解的过程中，一定会有许多新发现与新疑问，以及许多令你惊讶不已的新刺激。

我们很容易陷入一个错觉，以为组织建立在组织结构和工作分配表之上。事实并非如此。组织其实是一个个商务人士的集合，在那里生存着一个个活生生的人。

对于这张工作图解，在每次遇到职务或工作内容变动时，记得再重画一张，并且善加保存。这些图解的集合，可以说就是你的工作史。

以图解完成工作交接

如果你是经营者或管理阶层，试着在公司或部门里，让所有员工图解各自负责的工作。你一定会大为惊讶,从图解中发现每个人对工作的理解大不相同,这是一件很有趣的事情。

更进一步的做法是让工作流程前后部门的负责人看着彼此的图解讨论,这样的话又会如何呢?可能根本不了解对方的工作内容,甚至两者对彼此间关系的了解完全不同。"原来如此,难怪每天总是问题不断。"大家对问题背后的原因,也会恍然大悟。每个人借由图解真正地了解自己的工作,才会让组织运作更顺畅。

在完成的一张张图解中,充满工作的精髓。对于动手图解自己工作的人,我一向都这样建议他们:"把这张图解放在桌上,有机会就看一看。一旦感觉有什么地方不对,或工作内容有变化时,再重新画一张。"

即使每天被例行公事追着跑,只要时常意识到自己的工作,就能培养看穿工作本质的能力。

然后,经过无数次不断修正、推敲之后,画出来的图解就是一张最佳的工作交接表。即使一个星期后就有人事变动,也不用再慌慌张张地准备交接资料。因为浓缩在这张图解里的内容,正是目前工作的情况。

对接手自己工作的同事来说,这张图能简洁表达出工作的整体内容与各部分之间的关系,可以大幅缩短熟悉工作的时间。而自己也一样,面对新职务,以上任同事留下的图解为基础,就能在很短时间内上手。这样的组织在每年人事变动的旺季之后,也不会再有整体战斗力一时下降的情况发生。

希望各位能活用这本书中的图解表达与图解思考技术,在你的工作、组织里掀起一场"工作革命"!

图书在版编目（CIP）数据

图形思考与表达的 20 堂课 /（日）久恒启一著；梁世英译 . -- 南昌：江西人民出版社，2019.5
ISBN 978-7-210-11208-2

Ⅰ.①图… Ⅱ.①久… ②梁… Ⅲ.①形象思维—研究 Ⅳ.①B804.2

中国版本图书馆 CIP 数据核字 (2019) 第 041644 号

ZU DE KANGAERU HITO NO ZUKAI HYOUGEN NO GIJUTSU
by KEIICHI HISATUNE
Copyright © KEIICHI HISATUNE 2002
All rights reserved.
Original Japanese edition published by NIKKEI PUBLISHING INC., Tokyo.
Chinese (in simple character only) translation rights arranged with
NIKKEI PUBLISHING INC., Japan through Bardon-Chinese Media Agency,
Taipei.

本书中文简体版由银杏树下（北京）图书有限责任公司出版。
版权登记号：14-2019-0034

图形思考与表达的 20 堂课

作者：[日] 久恒启一　译者：梁世英
责任编辑：冯雪松　特约编辑：方泽平　筹划出版：银杏树下
出版统筹：吴兴元　营销推广：ONEBOOK　装帧制造：墨白空间
出版发行：江西人民出版社　印刷：北京天宇万达印刷有限公司
889 毫米 × 1194 毫米　1/32　5.75 印张　字数 163 千字
2019 年 5 月第 1 版　2019 年 5 月第 1 次印刷
ISBN 978-7-210-11208-2
定价：38.00 元
赣版权登字 -01-2019-55

后浪出版咨询(北京)有限责任公司常年法律顾问：北京大成律师事务所　周天晖 copyright@hinabook.com
未经许可，不得以任何方式复制或抄袭本书部分或全部内容
版权所有，侵权必究
如有质量问题，请寄回印厂调换。联系电话：010-64010019

日常生活中的思维导图

著者：（日）矢岛美由希
译者：程雨枫
书号：978-7-210-08256-9
定价：36.00 元
出版时间：2016 年 4 月

日本思维导图授权培训师私房秘籍和盘托出，一本让你瞬间变聪明的神奇小书。
全球顶尖学府必修的思维整理课，谷歌等世界 500 强企业员工都在用的思考整理术。
风靡全日本的理念潮流，轻松搞定日常生活中的各种小烦恼。

| 内容简介 |

  思维导图是 21 世纪革命性的思维工具，是众多世界名校鼓励学生学习的必备课程，诸多 500 强企业正在推进员工学习思维导图。

  被商界和学界视若珍宝的思维导图，在日常生活中能否发挥作用呢？答案是：当然没问题。生活中的各类烦恼，上至应对地震、海啸等紧急情况，下至制定购物清单，无论是外出游玩，还是辅导孩子功课，思维导图总能起到神奇的作用。

  思维导图是最适合你的思考工具，因为它就是你的思维，那些线条就是你的心意啊！生活中遇到什么麻烦，画一张图，顺着自己的心意去解决，结果一定会出乎意料的神奇。

麦肯锡笔记思考法

著者:(日)大岛祥誉
译者：沈海泳
书号：978-7-210-09761-7
定价：36.00 元
出版日期：2017 年 12 月

世界知名咨询公司麦肯锡顾问大岛祥誉，首次公开麦肯锡的精英们都在实践的笔记思考法，告诉你如何利用笔记加深思考，从而摆脱杂乱思绪，找到解决问题的方法。
日本管理大师大前研一也在实际工作中身体力行这一解决问题的方法。此书一经问世便收到读者的大量好评，日本狂销 25 万册。
1 支笔 +3 本笔记本 +4 个步骤，就可以分析问题、解决问题！
只要你掌握将笔记作为"思考的工具"和"解决问题的工具"的方法，那么你就能高效率、高质量地完成工作，成为具有解决问题能力的人。

|内容简介|

　　这是一种简单、有效的"麦肯锡笔记思考法"，只需要 3 种笔记本和 1 支笔，就可以轻松解决一切问题。

　　麦肯锡资深管理咨询师大岛祥誉在刚进入麦肯锡工作时，发现身边的前辈和同事只是利用 3 种笔记本（方格笔记本、横线笔记本、麦肯锡原创的笔记本）就能够从复杂的状况中准确找出"真正的问题"，在实际行动的时候也游刃有余。这种麦肯锡流的笔记思考法也正是麦肯锡强大的地方之一。

　　我们一切的工作都是为了"解决问题"，而解决问题的关键在于"思考"。这本书要教给你的正是如何将笔记作为"思考工具"和"解决问题的工具"的笔记思考法，按照问题解决的 4 个步骤，在每个步骤中选择相应的笔记使用方法，就能边写边思考，瞬间整理思绪，解决一切难题。